HANGKONG ZHIZAO JISHU JICHU

航空制造技术基础

主　编　徐义华

副主编　许　瑛

西北工业大学出版社

西　安

【内容简介】 本书基于航空制造过程中所涉及的加工方法,重点介绍了机械加工基本知识、数控加工技术、航空钣金零件成形技术、飞机结构连接技术;针对新型加工方法及复合材料在飞机上的广泛应用,本书简单地讲述了增材制造技术和先进树脂基复合材料制造概论。

本书可作为飞行器制造、飞行器动力和飞行器设计专业学生学习航空制造技术课程的教材。

图书在版编目(CIP)数据

航空制造技术基础 / 徐义华主编 . 一西安:西北
工业大学出版社,2018.11
ISBN 978 - 7 - 5612 - 6394 - 5

Ⅰ.①航⋯　Ⅱ.①徐⋯　Ⅲ.①航空工程－机械制造工
艺　Ⅳ.①V261

中国版本图书馆 CIP 数据核字(2018)第 255750 号

策划编辑:华一瑾
责任编辑:李阿盟　朱辰浩

出版发行:西北工业大学出版社
通信地址:西安市友谊西路 127 号　　邮编:710072
电　　话:(029)88493844　88491757
网　　址:www.nwpup.com
印 刷 者:陕西向阳印务有限公司
开　　本:787 mm×1 092 mm　　1/16
印　　张:11.625
字　　数:279 千字
版　　次:2018 年 11 月第 1 版　　2018 年 11 月第 1 次印刷
定　　价:42.00 元

前　言

　　为了适应我国高等教育的改革和发展,满足培养面向 21 世纪高等技术人才的需求,针对 2015 年飞行器相关专业培养方案的调整,南昌航空大学将"机械制造技术"课程改为"航空制造技术基础",航空制造包括飞行器制造的全过程,主要涉及飞机和航空发动机加工、装配的各个方面,本书以使飞行器动力、飞行器设计专业学生对航空制造技术进行一般性了解为目的,其内容主要包括机械加工基本知识、数控加工技术、航空钣金零件成形技术、飞机结构连接技术、增材制造技术以及先进树脂基复合材料制造概论。

　　2015 年 3 月 5 日,李克强总理在全国两会上的《政府工作报告》中首次提出"中国制造 2025"的宏大计划,在"中国制造 2025"十大领域中,航空航天装备是其中重要的制造领域之一,随着新材料和新工艺的出现,航空制造技术也迎来了新的变化,这其中最突出的就是复合材料在飞行器中的应用,以及增材制造工艺的出现。因此,本书的内容在传统加工技术的基础上,引入增材制造技术及先进树脂基复合材料制造概论。

　　本书首先介绍机械加工基本知识,阐述金属切削加工基本知识、机械加工精度及表面质量、工件定位及尺寸链原理,在此基础上阐述数控加工特点;其次针对大量的钣金件及构件的连接在飞机结构设计中的应用,阐述航空钣金零件成形及飞机结构连接相关技术;最后针对新工艺及新材料的出现,阐述增材制造相关技术及先进树脂基复合材料制造相关技术。

　　本书可作为高等工科院校的航空制造技术基础课程(32～36 学时)的教科书,适合高等学校航空航天工程、飞行器动力工程和飞行器设计工程专业的学生学习使用,也可供航空制造有关技术人员参考。

　　本书由南昌航空大学徐义华主编,其中第二、三、五、六和七章由徐义华编写,第一和四章由南昌航空大学许瑛编写,全书由徐义华统稿。

　　在本书编写过程中,得到南昌航空大学教务处和飞行器工程学院领导的大力支持,研究生刘壁扬、李俊杰对本书做了大量的图表编辑工作,在此对他们表示衷心的感谢。

　　由于知识和专业水平有限,书中难免存在欠妥之处,恳请广大读者批评指正。

编　者

2018 年 8 月

目　录

第1章 绪 论

1.1 制造业、航空制造技术

制造是人类最主要的生产活动之一。它是指人类按照所需目的，运用主观掌握的知识和技能，应用可利用的设备和工具，采用有效的方法，将原材料转化为有使用价值的物质产品并投放市场的全过程。

制造业是将可用资源、能源与信息通过制造过程，转化为可供人们使用或利用的工业品或生活消费品的行业，人类的生产工具、消费产品、科研设备和武器装备等，都是由制造业提供的，可以说制造业是国民经济的装备部，是国民经济产业的核心，是国民经济和综合国力的支柱产业。

制造过程是制造业的基本行为，是将制造资源转变为有形财富或产品的全过程。制造过程涉及国民经济的许多行业，如机械、电子、轻工、化工、食品、军工和航天等，因此，制造业对国民经济有较显著的带动作用。

航空制造主要涉及飞机制造和航空发动机制造，飞机已经成为现代社会重要的高新技术工具。作为军事装备，它是现代战争中不可替代的常规武器；作为交通工具，它缩短了洲与洲、国家与国家以及地区与地区之间的距离，为政治活动、经济发展、商业和文化交流与合作提供了不可缺少的现代化手段；作为探索、改造自然的工具，它在国民经济各行各业有着广泛的应用。

航空制造业是一个关系国家经济命脉和安全的高新技术产业，是知识密集型、技术密集型、综合性强以及多学科集成的产业。航空制造技术与高新技术有着密切的关系，它既依赖高新技术的成就，同时也推动着高新技术向前发展。先进制造技术，已不是单项工艺技术的简单总和，而是包含了市场需求、创新设计、工艺技术和生产过程的组织与监控，以及市场信息反馈等的产品全寿命过程，形成了一个比较完整的体系。

航空制造技术是一门研究航空产品制造过程和加工方法的应用科学技术，对提高航空产品性能、减轻结构重量、延长使用寿命、缩短研制周期、降低成本及提高可靠性起着关键性的作用。由于航空产品具有构型众多、形状各异和零件材料品种繁多等特点，在航空制造领域中几乎涉及所有的加工技术。按专业技术领域划分，航空制造技术包括机械切削加工、热加工、钣金成形、增材制造、连接、复合材料加工及装配等技术。

1.2 航空制造技术的地位和作用

航空工业是国防建设的重要基础，现代局部战争的实践表明，航空武器装备对战争的进程和结局都发挥着关键性作用。世界军事大国都把航空武器的发展放到了更加突出的位置，以争夺军事斗争的"制高点"。

航空工业是带动国民经济发展的重要产业，是尖端技术发展的引擎。现代航空产品是尖端技术的集成，先进航空产品的研制生产必然带动尖端技术的发展。历史已经表明，先进航空产品的研制生产有力地促进了冶金、化工、材料、电子和机械加工等领域的技术进步，从而在技术层面上提升了国民经济。

航空技术用途广泛。航空技术可以转移应用于广阔的非航空领域，从而推动国民经济的发展。航空工业可以带来可观的高新技术水平就业机会。

美国航空航天产业未来委员会向美国总统和国会提交了《美国航空航天产业未来委员会最终报告》。该委员会要求"现在就要采取行动，促使政府、行业、劳工和研究机构的领导人采取行动，确保航空航天工业继续保持杰出地位"，强调"强大的航空航天工业是美国必须具备的"。

欧盟认为，航空航天工业在确保欧洲的安全和繁荣方面有着关键的战略作用，是提升欧洲民用和国防产品在国际市场竞争力的基础，也是欧洲独立和安全的重要保证。欧洲国防工业一体化的发展是欧洲国防工业发展的一个重要趋势，也是推动欧盟各国政治、安全、经济一体化，维护欧盟政治上的独立，加强欧洲国防工业国际竞争力的重要措施之一。

航空制造水平是国防实力的重要标志。在现代战争中，飞行器的重要性越来越突出。产品的水平又受到制造技术的极大制约，从而制造技术的水平也就成为了一个国家现代武器系统水平和国防实力的标志。能否制造出高水平的武器系统，保证其高质量和稳定性；能否迅速地为部队快速提供数量足够的武器装备等成为衡量航空制造水平的重要手段。现代飞行器制造技术的评价标准不仅要看产品的复杂程度和精密程度，同时还要看劳动生产率，这才是高水平的制造技术评价标准。

航空制造技术是保证飞行器研制成果转化为武器装备的重要技术手段。飞行器制造工艺技术要在保证达到必要的战技指标的条件下，完成飞行器试制、试验，最终实现产品的批量化生产。由于飞行器造价高，在和平时期，生产、存储量不大，战争爆发时，飞行器消耗量很大，这就要求企业的生产线在保证生产质量的前提下，能够实现快速转换、扩充；要求制造技术具有很高的柔性，是开放式的制造系统，以适应现代战争的需要。

航空制造工艺是确保飞行器武器系统的性能和质量的重要途径。飞行器制造工艺技术的水平与飞行器产品的质量关系密切。产品质量的可靠性、稳定性在很大程度上由制造技术来保证，产品的可靠性首先是设计出来的，它由设计的结构原理、材料选择和元器件的选用及其功能的发挥方式来决定。但是制造过程中工艺路线的科学性、合理性及在生产中积累的经验，也是有效地保障产品质量的技术体系，是保证飞行器产品性能和质量的前提。

航空产品零部件具有形状结构复杂、材料多种多样、加工精度要求严格以及产品零件制造复杂等特点，因此发展航空制造业，有利于促进我国科学技术水平提高，从而提升我国的国际竞争力。业界认同的"设计是主导、材料是基础、制造是关键、测试是保障"说明了航空制造技术在航空产品研制和生产中发挥了重大作用，有力地促进了航空产品的升级换代，并且在装备性能实现跨代的同时，也实现了制造技术自身的跨代发展，创造性的制造技术正在引领航空新产品的设计构想。航空制造技术对航空产品研制的地位和作用主要体现在以下几个方面。

1. 航空制造技术是加速航空产品发展的关键

国内外经验表明，产品的更新换代无不是伴随着制造技术的重大突破，只有制造技术实现换代，才可能实现产品的更新换代，这点在航空制造业尤为突出。

20 世纪 70 年代以来，以计算机辅助设计与制造集成化技术、先进数控加工技术、精密成形技术、连接技术和特种加工技术等为代表的先进制造技术研究成果和工程化应用，使航空产品的研制模式发生了质变。如波音 777 飞机的研制由于采用数字化无纸设计和制造技术，只用 3 年即投入航线运营，生产准备时间减少 90％以上，研制周期比常规缩短了 2.5 年；树脂基复合材料大型整体结构件制造技术的应用，使 A380、波音 787 和 A350 飞机成为了新一代飞机的佼佼者。先进制造技术在提高发动机性能方面的作用更加突出。精密成形、粉末热等静压成形、定向凝固、单晶精密铸造、真空高温钎焊、真空电子束焊接、激光小孔加工、大功率电解加工、计算机柔性制造、高速数控加工、高性能涂层和热障涂层等先进制技术在高性能发动机制造中的应用，使航空发动机的推重比提高了 3 倍，翻修寿命提高了 2 倍，耗油率降低了 50％以上。

2. 航空制造技术是提升航空新产品质量的关键

制造质量对航空产品的性能、质量和可靠性影响巨大。采用先进的制造技术和合理的制造过程可以保障飞机的性能和可靠性，否则就会酿成空难性的重大事故。

据统计，20 世纪 70 年代美国的飞行事故中，由于制造和材料质量造成的飞行事故占 65％，其中，由于锻造和铸造质量造成的飞行事故占 40％，由机械加工质量造成的事故占 25％。我国在 20 世纪 70 年代生产的军用飞机发生的重大事故中 70％是由制造和材料质量造成的，而造成制造质量低的根本原因之一就是制造技术的先进性不足、成熟度低。因此，提高制造技术的先进性和成熟度是提升航空产品质量的关键所在。

3. 航空制造技术是降低航空产品研制成本的手段

美国空军系统司令部曾指出，采用先进制造技术是降低产品成本最有效的手段和途径。在航空发动机上采用先进制造技术，可以降低成本 25％～30％，大幅提高经济效益。如采用数控加工技术可使钛合金结构的制造费用降低 40％；采用热等静压粉末涡轮盘可节省材料 35％～85％，节省能源 50％，降低制造费用 70％～80％；飞机钛合金结构采用超塑成形/扩散连接技术可使制造费用降低 40％，减少零件数量 70％，减轻结构重量 10％～20％。由此可见，先进的制造技术是降低航空产品成本、提高经济效益至关重要的手段。

第2章 机械加工基本知识

机械切削加工过程是利用刀具在机床上从工件表面上切去多余的材料,形成已加工表面的过程,对于金属工件,是切削层在刀具挤压下产生塑性变形,形成切屑而被切下来的过程。机械切削加工的组成要素包括工件、刀具和机床(含机床夹具),虽然飞机零件种类繁多,构成零件的形状更是多种多样,但构成零件轮廓的表面不外乎是这几种基本类型:平面、圆柱面、圆锥面、螺旋面和成形面等。加工零件实际上就是对这些表面进行加工。常见的机械加工方法有车削加工、铣削加工、刨削加工、钻削加工和磨削加工等,其中铣削加工在航空产品加工中应用较多,且生产组织相对复杂,占用制造周期比例较大。本章重点针对航空金属工件的切削加工过程,介绍金属切削刀具、机械加工精度及表面质量,以及加工工艺尺寸链的相关知识。

2.1 金属切削刀具基本知识

2.1.1 切削加工基本知识

1. 切削运动

(1)切削运动。在金属切削机床上切削工件时,工件与刀具之间要有相对运动,这个相对运动即称为切削运动。

如图2.1所示为外圆车削时的情况。工件的旋转运动形成母线(圆),车刀的纵向直线运动形成导线(直线),圆母线沿直导线运动时就形成了工件上的外圆表面。故工件的旋转运动和车刀的纵向直线运动就是外圆车削的切削运动。

如图2.2所示为在牛头刨床上刨平面的情况。刨刀做直线往复运动形成母线(直线),工件做间歇直线运动形成导线,直母线沿直导线运动时就形成了工件上的平面。故在牛头刨床上刨平面时,刨刀的直线往复运动和工件的间歇直线运动就是切削运动。

在其他各种切削加工方法中,工件和刀具同样也必须完成一定的切削运动。切削运动通常按其在切削中所起的作用可以分为主运动和进给运动。

1)主运动。使工件与刀具产生相对运动以进行切削的最基本的运动称为主运动。这个运动的速度最高,消耗的功率最大。例如,外圆车削时工件的旋转运动和平面切削时刀具的直线往复运动(见图2.1和图2.2)都是主运动。主运动的形式可以是旋转运动或直线运动,但每种切削加工方法中主运动通常只有一个。

2)进给运动。使主运动能够继续切除工件上多余的金属,以便形成工件表面所需的运动称为进给运动。例如，外圆车削时车刀的纵向连续直线运动(见图 2.1)和平面刨削时工件的间歇直线运动(见图 2.2)都是进给运动。进给运动可能不止一个，它的运动形式可以是直线运动，也可以是旋转运动或两者的组合，但无论哪种形式的进给运动，其运动速度和消耗的功率比主运动要小。

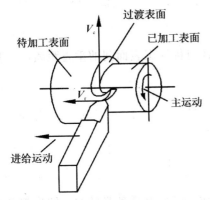

图 2.1　外圆车削的切削运动与加工表面

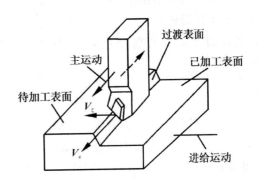

图 2.2　平面刨削的切削运动与加工表面

总之，任何切削加工方法都必须有一个主运动，可以有一个或几个进给运动。主运动和进给运动可以由工件或刀具分别完成，也可以由刀具单独完成(例如在钻床上钻孔或铰孔)。

(2)工件上的加工表面。在切削加工中，工作上通常存在三个表面，以图 2.1 的外圆车削和图 2.2 的平面刨削为例，它们是以下几种。

1)待加工表面。它是工件上即将被切去的表面。随着切削过程的进行，它将逐渐减小，直至全部切去。

2)已加工表面。它是刀具切削后在工件上形成的新表面。随着切削过程的进行，它将逐渐扩大。

3)过渡表面。它是切削刃正切着的表面，并且是切削过程中不断改变着的表面，它总是处在待加工表面与加工表面之间。

上述这些定义也适用于其他类型的切削加工。

2.切削用量

切削用量是指切削速度、进给量和背吃刀量三者的总称。

(1)切削速度 v_c。切削速度是切削加工时，切削刃上选定点相对于工件的主运动速度。切削刃上各点的切削速度可能是不同的。当主运动为旋转运动时，工件或刀具最大直径处的切削速度由下式确定：

$$|v_c| = \frac{\pi dn}{1\,000} \quad (\text{m/s}) \tag{2-1}$$

式中，d ——完成主运动的工件或刀具的最大直径，mm；

n ——主运动的速度，r/s 或 r/min。

(2)进给量 f。进给量是工件或刀具的主运动每转一转或每一行程时，工件和刀具两者在进给运动方向上的相对位移量。例如，外圆车削的进给量 f 是工件每转一转时车刀相对于工件在进给运动方向上的位移量，其单位为 mm/r；又如在牛头刀刨床上刨平面时，其进给量 f 是刨刀每往复一次，工件在进给运动方向上相对于刨刀的位移量，其单位为 mm/双行程。

在切削加工中，也有进给速度 v_f 来表示进给运动的。所谓进给速度 v_f，是指切削刃上选定点相对于工件的进给速度，其单位为 mm/s。若进给运动为直线运动，则进给速度在切削刃上各点是相同的。在外圆切削中有

$$|v_f| = fn \quad (\text{mm/s}) \tag{2-2}$$

式中，f——车刀每转进给量，mm/r；

  n——工件转速，r/s。

（3）背吃刀量 a_{sp}。背吃刀量等于工件已加工表面与待加工表面间的垂直距离，对于外圆车削的背吃刀量为

$$a_{sp} = \frac{d_w - d_m}{2} \quad (\text{mm}) \tag{2-3}$$

式中，d_w——工件待加工表面直径，mm；

  d_m——工件已加工表面直径，mm。

3. 刀具角度

（1）刀具结构。刀具结构由切削部分和刀柄组成，切削刀具种类繁多，结构形状各异。但就其切削部分而言，均可视为外圆车刀切削部分的演变。因此，可以以外圆车刀为例来介绍刀具切削部分的一般术语，这些术语同样也适用于其他金属切削刀具。

如图 2.3 所示，外圆车刀的切削部分具有下述表面和切削刃：

前面 A_r——切下的切屑沿其流出的表面。

主后面 A_a——与工件上过渡表面相对的表面。

副后面 A_a'——与工件上已加工表面相对的表面。

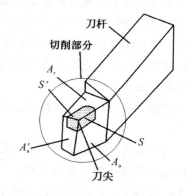

主切削刃 S——前面与主后面的交线，它承担主要的金属切除工件并形成工件上的过渡表面。

副切削刃 S'——前面与副后面的交线，它参与部分的切削工件并最终形成工件上的已加工表面。

图 2.3　外圆车刀的切削部分表面和切削刃

刀尖——主、副切削刃的交点。但在实际应用中，为了增加刀尖强度和耐磨性，多数刀具将刀尖磨成圆弧或一小段直线，如图 2.4 所示。

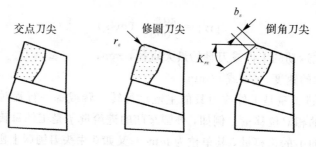

图 2.4　刀尖形状

（2）刀具角度静止参考坐标系。刀具角度是指刀具工作图上需要标出的角度。刀具的制造、刃磨和测量就是按照这种角度进行的。谈刀具角度时，并未把刀具同工件和切削运动联系起来，刀具本身还处于尚未使用的静止状态。

刀具角度是在一套便于制造、刃磨和测量的刀具静止参考坐标系里度量的。对于车刀，为了便于测量，在建立刀具静止参考系时，特作如下两点假设：

1）不考虑进给运动的影响，即 $f=0$；

2）安装车刀时应使刀尖与工件中心等高，且车刀刀杆中心线与工件轴心线垂直。

在上述假设下，可以方便地建立下列三个刀具静止参考系。

1）正交平面参考系。正交平面参考系也称主剖面参考坐标系，由两两相互垂直的基面 P_r、切削平面 P_s 和正交平面 P_o 组成，如图 2.5 所示。

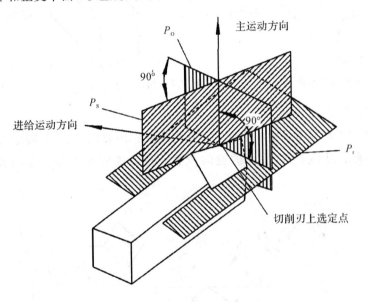

图 2.5　正交平面参考系

A. 基面 P_r。基面 P_r 是通过切削刃上选定点并垂直于该点切削速度向量 v_c 的平面，它平行于或垂直于刀具在制造、刃磨和测量时的某一安装定位平面。对于普通车刀，它的基面总是平行于刀杆的底面。

B. 切削平面 P_s。过切削刃上选定点作切削刃切线，此切线与该点的切削速度向量 v_c 所组成的平面。

C. 正交平面 P_o。过切削刃上选定点同时垂直于该点基面 P_r 和切削平面 P_s 的平面。

2）法平面参考系。法平面参考系也称法剖面参考坐标系，由基面 P_r、切削平面 P_s 和法平面 P_n 组成，如图 2.6 所示。法平面也称法剖面，是通过切削刃上选定点垂直于切削刃的平面。

3）假定工作平面-背平面参考系。假定工作平面-背平面参考系是由假定工作平面、背平面和基面三个坐标面组成，如图 2.7 所示。假定工作平面也称进给剖面，是通过切削刃上选定点且平行于假定进给运动方向并垂直基面的平面；背平面也称切深剖面，是指通过切削刃上选定点且垂直于假定工作平面和基面的平面。

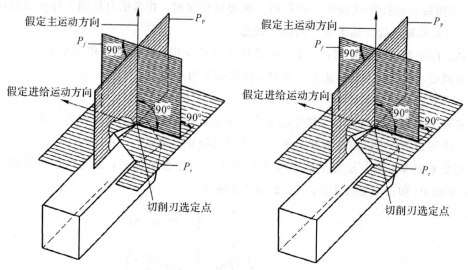

| 图2.6　法平面参考系 | 图2.7　假定工作平面-背平面参考系 |

（3）刀具标注角度。

1）刀具在正交平面参考系中的角度。刀具角度的作用有两个：一是确定刀具上切削刃的空间位置；二是确定刀具上前、后面的空间位置。现以外圆车刀为例予以说明，如图2.8所示。

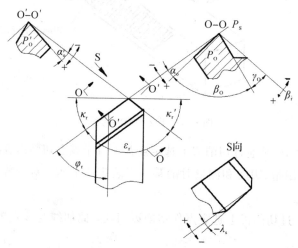

图2.8　外圆车刀在正交平面参考系的角度

确定主切削刃的空间位置角度有两个：

主偏角 κ_r：主切削刃在基面上的投影与进给方向之间的交角，在基面 P_r 测量。

刃倾角 λ_s：主切削刃与基面的交角，在切平面 P_s 中测量。当刀尖在主切削刃上为最低点时，λ_s 为负值；反之，λ_s 为正值。

确定车刀前面与后面空间位置角度有两个：

前角 γ_o：在主切削刃上选定点的正交平面 P_o 内，前面与基面之间的夹角。

后角 α_o：在同一个正交平面 P_o 内，后面与切削平面之间的夹角。

除了上述与主切削刃有关的角度外，对于车刀的副切削刃，也有相应的四个角：副偏角 κ'_r、副后角 α'_o、副刃倾角 λ'_s 和副前角 γ'_o。

但是，由于在刃磨车刀时，常常将主、副切削刃磨在同一个平面型的前面上，当主切削刃及其前面确定后，副切削刃上的副刃倾角 λ'_s 和副前角 γ'_o 也随即确定，故与副切削刃有关的独立角度只剩下以下两个：

副偏角 κ'_r：副切削刃在基面上的投影与进给方向之间的夹角，它在基面 P_r 上测量。

副后角 α'_o：在副切削刃上选定点的副正交平面 P'_o 内，副后面与副切削平面之间的夹角。副切削平面是过该选定点作副切削刃的切线，此切线与该点切削速度向量所组成的平面；副正交平面是过该选定点并垂直于副切削平面与基面的平面。

以上是外圆车刀必须标出的六个基本角度。有了这六个基本角度，外圆车刀的三面（前面、主后面和副后面）、两刃（主切削刃、副切削刃）、一尖的空间位置就完全确定下来了。

除了六个基本角度外，根据实际需要，还可以标出楔角 β_o、刀尖角 ε_r 和余偏角 φ_r。

楔角 β_o，在主切削刃上选定点的正交平面 P_o 内，前面与后面的夹角。

$$\beta_o = 90° - (\gamma_o + \alpha_o) \tag{2-4}$$

刀尖角 ε_r，主、副切削刃在基面上投影之间的夹角。

$$\varepsilon_r = 180° - (\kappa_r + \kappa'_r) \tag{2-5}$$

余偏角 φ_r，主切削刃在基面上的投影与进给方向垂线之间的夹角，在基面 P_r 上测量。

$$\varphi_r = 90° - \kappa_r \tag{2-6}$$

2）刀具在法平面参考系中的角度。刀具在法平面参考系中要标出的角度，基本上和正交平面参考系中的类似。其主要有五个基本角度：主偏角 κ_r、副偏角 κ'_r、刃倾角 λ_s、法前角 γ_n、法后角 α_n，如图 2.9 所示，也可以标出派生角 ε_r 和法楔角 β_n。

3）刀具在背平面-假定工作平面参考系中的角度。在这个参考系中，根据刀具角度的定义可标注主偏角 κ_r、副偏角 κ'_r、进给前角 γ_f、进给后角 α_f、背前角 γ_p、背后角 α_p，如图 2.10 所示，根据需要还可以标注刀尖角 ε_r、背楔角 β_p、进给楔角 β_f 等派生角。

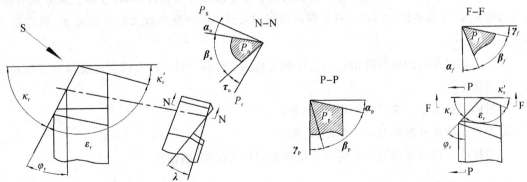

图 2.9　刀具在法平面参考系的角度　　　　图 2.10　背平面和假定工作平面参考系的角度

（4）刀具工作角度。切削加工中，刀具相对于工件的运动是主运动和进给运动的合成，为合理地表达切削过程中的刀具角度，按合成切削运动方向和实际安装情况来定义刀具的参考坐标系，这就是刀具工作参考系。在刀具工作参考坐标系中定义和测量的刀具角度称为刀具的工作角度。

以切断刀为例，如图 2.11 所示，切断刀切断工件时，若不考虑进给运动，切削刃上选定点 A 的运动轨迹是一个圆，其切削速度向量 v_c 过 A 点垂直向上，因此，该点的基面 P_r 为一平行于刀具底面的平面，此时，刀具工作角度与标注角度一致。

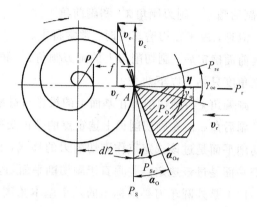

图 2.11　刀具工作参考系

当考虑进给运动后，A 点运动轨迹是阿基米德螺旋线，该点的合成切削速度向量 v_e 由切削速度向量 v_c 与进给速度 v_f 合成，即 $v_e = v_c + v_f$，此时，工作基面 $P_{re} \perp v_e$，且 P_{re} 不平行于刀具的底面。工作切平面 P_{se} 过 v_e，且与阿基米德螺旋线相切；工作正交平面 P_{oe} 与原来的 P_o 重合，仍为示图纸面。在这个工作参考平面系中，γ_{oe} 和 α_{oe} 就为工作正交平面 P_{oe} 内的工作前角和工作后角。由于 P_{re} 与 P_{se} 分别相对于原来的 P_r 和 P_s 倾斜了一个角度 η，因此，现在的工作前角和工作后角与标注前角和后角有如下关系：

$$\gamma_{oe} = \gamma_o + \eta \tag{2-7}$$

$$\alpha_{oe} = \alpha_o - \eta \tag{2-8}$$

$$\tan\eta = \frac{|v_f|}{|v_c|} = \frac{f}{\pi d} \tag{2-9}$$

式中，η——合成切削角度，它是同一瞬时主运动方向与合成切削方向之间的夹角。

由式(2-9)可知，切削刃越接近工件中心，η 值越大。因此，在一定的横向进给量 f 下，当切削刃接近工件中心时，η 值急剧增大，工作后角 α_{oe} 将变为负值，此时，刀具已不再是切削工件，而成了挤压工件。横向进给量 f 的大小对 η 值也有很大的影响，f 增大则 η 值增加，也有可能使 α_{oe} 变为负值。因此，对于横向切削的刀具，不宜选用过大的进给量 f，并应适当加大后角 α_o。

除了上述横车时的横向进给运动会影响刀具的工作角度外，以下因素也会影响刀具相应的工作角度：

1) 纵向进给运动影响刀具工作前、后角；

2) 刀具安装高低影响刀具工作前、后角；

3) 刀杆中心线与进给运动方向不垂直影响刀具工作主、副偏角。

2.1.2　切削刀具材料

1. 刀具材料应具备的基本性能

金属切削加工是刀具从工件表面上切除金属余量，形成要求的已加工表面的过程，切削过程中,切削加工刀具受到切削力、切削热、摩擦以及化学反应等多种物理化学作用。为使切削加工顺利进行,对刀具材料的基本要求如下。

(1)高硬度:刀具材料硬度要高于被加工材料的硬度,切削刃的常温硬度一般在 60HRC 以上。

(2)较高耐磨性:抗磨损能力,金相组织中硬质点(氮化物、碳化物)的硬度高,耐磨性好,硬质点数量多,颗粒越小,分布均匀,则耐磨性越好。通常刀具硬度越高耐磨性越好。

(3)足够的强度与韧性:抗冲击,承受各种应力而不崩刃、折断。

(4)良好的耐热性(热硬性、红硬性):高温下保持材料硬度、耐磨性、强度、韧性,红硬性越好切削速度越高。刀具材料在超过其所能承受的温度时会降低硬度而导致失效。

(5)良好的导热性:刀具材料的导热系数越大,导热性越好,切削热越容易传出,有利于降低切削温度。

(6)良好的抗热振性:断续切削时刀具承受热冲击和机械振动,反复作用的热冲击和机械振动会导致刀具出现裂纹。材料的弹性模量和热膨胀系数越小、导热系数和抗弯强度越大,刀具的抗热振性越好。

(7)较高的化学稳定性(热稳定性):高温下抗氧化,不与工件材料和介质发生化学反应(抗氧化、黏结、扩散),刀具磨损慢,表面质量好。通常,刀具材料化学组成元素应与被加工工件材料相匹配,以使刀具具有较高的化学稳定性;在刀具材料表面增加涂层,可以改善刀具材料性能和提高化学稳定性。

(8)良好的工艺性:便于刀具制造,刀具材料应具有良好的锻造性能、热处理性能、高温塑性变形、磨削加工性能和焊接性能。

(9)经济性:刀具材料应考虑自然资源情况、刀具成本等因素,以降低工件的制造成本。

2. 常用刀具材料的类型及选用

(1)刀具材料的类型。常用刀具材料主要有工具钢(碳素工具钢、合金工具钢、高速钢)、硬质合金、陶瓷材料和超硬材料几种类型。其中碳素工具钢(如 T10A,T12A)及合金工具钢(如 9SiCr,CrWMn),因耐热性较差,通常仅用于手工工具和切削速度较低的刀具。而陶瓷材料和超硬材料或因强度较低、脆性较大,或因成本太高,目前还仅用于某些有限的场合。作为刀具材料使用得最多的是高速钢和硬质合金。

1)高速钢。高速钢是一种加入了较多的钨、钼、铬以及钒等合金元素的高合金工具钢,这些合金元素提高了它的耐磨性和热硬性。高速钢具有良好的综合物理机械性能、工艺性能,刀具制造工艺简单,能锻造、制作形状复杂刀具、大型成型刀具,如钻头、丝锥、成型刀具、拉刀和齿轮刀具。

由于高速钢的一些特性,它在实际使用中被冠以如下的别名。

A. 风钢:良好的淬透性,空气中冷却就可得到高硬度。

B. 锋钢:刀刃锋利。

C. 白钢:磨光后,表面光亮。

常用高速钢的种类及性能如表 2.1 所示。

表 2.1　常用高速钢的种类、牌号、主要性能和用途

种类		牌号	常温硬度 HRC	高温硬度 HRC(600℃)	抗弯强度 /GPa	冲击韧性 /(MJ·m⁻²)	其他特性	主要用途
普通高速钢	钨系高速钢	W18Cr4V (W18)	63～66	48.5	2.94～3.33	0.170～0.310	可磨性好	复杂工具，精加工
	钼系高速钢	W6Mo5Cr4V2 (M2)	63～66	47～48	3.43～3.92	0.388～0.466	高温塑性特好，热处理较难，可磨性稍差	代替钨系用，热轧刀具
高性能高速钢	钴高速钢	W6Mo5Cr4V2Co8 (M42)	67～70	55	2.64～3.72	0.223～0.291	综合性能好，可磨性好，但价格较高	切削难加工材料的刀具
	铝高速钢	W6Mo5Cr4V2Al (501)	67～69	54～55	2.84～3.82	0.223～0.291	性能与M42相当，价格低得多，可磨性较差	切削难加工材料的刀具

2)硬质合金。硬质合金是由高硬度、高熔点的金属碳化物，如碳化钨(WC)、碳化钛(TiC)等微粉，用钴(CO)、钼(Mo)、镍(Ni)等金属成分作为黏合剂，在高压下成形，并经高温烧结而成的粉末冶金。由于它的硬度、耐磨性和高热硬性均高于高速钢，特别适用于高速切削条件下的刀具材料，其硬度可达 89～93HRA(74～82HRC)、切削温度达 800～1 000℃、切削速度可达 100～300 m/min，但其韧性差，抗弯强度低，不能承受较大的冲击载荷。

目前绝大部分硬质合金是以碳化钨(WC)为基体，其中常用的硬质合金可分为三类：

A.钨钴类，代号 YG，ISO 称为 K 类；

B.钨钛钴类，代号 YT，ISO 称为 P 类；

C.钨钛钽(铌)钴类，代号 YW，ISO 称为 KM 类。

3)陶瓷材料。陶瓷刀是采用人工化合物(Al_2O_3，Si_3N_4 等)为原料，在高温下烧结而成的一种刀具材料。这种刀具材料的特点是有很高的高温硬度，即使在 1 200℃时硬度也达 80HRA；耐磨性好，有很高的化学稳定性，即使在高温下也不易与工件起化学反应；摩擦因数低、切削不易黏刀，不易产生积屑瘤；脆性大，强度、韧性低，为硬质合金的 1/2～1/3，不能承受冲击负荷，容易崩刀、破损；导热率低，约为硬质合金钢刀具的 1/2～1/5，不宜温度波动，不能用切削液。因此，它特别适于高速条件下进行切削，可加工 60HRC 的淬硬钢、冷硬铸铁等，适用于加工大件，能获得很高精度。目前陶瓷刀具已应用于多种难加工材料的半精加工和粗加工，除用于车削外，还可用于铣削、刨削。例如，Si_3N_4 氮化硅基陶瓷，其硬度仅次于金刚石、立方氮化硼,作为连续切削用的刀具材料,今后将很有发展前途。

4)人造金刚石。天然金刚石是自然界最硬的材料。它的耐磨性极好,但价格昂贵,主要用于制造加工精度和表面粗糙度要求极高的零件的刀具,如加工磁盘、激光反射镜等。人造金刚石是除天然金刚石外最硬的材料(接近 HV10 000),多用于有色金属及非金属材料的超精加工以及作磨料用。金刚石是碳的同素异形体,与碳易亲合,故金刚石刀具不宜加工含有碳的黑色金属。

5)立方氮化硼。由六方氮化硼(白石墨)在高温高压下转化而成的。立方氮化硼刀具硬度(HV8 000)与耐磨性仅次于金刚石。它的耐热性可达 1 300 ℃,化学稳定性很高,在高温下与大多数铁族金属都不起化学反应。一般用于高硬度、难加工材料的精加工。

(2)合理选择刀具材料。合理选择刀具材料的基本要求:根据工件材料特性和加工要求,选择合适的刀具材料与其相适应,做到既充分发挥刀具特性,又能较经济地满足加工要求。根据这一要求,刀具材料选择一般遵循以下原则。

1)普通材料工件加工时,一般选用普通高速钢和硬质合金;加工难加工材料时可选用高性能和新型刀具材料;只有在加工高硬材料或精密加工中常规刀具材料不能满足加工精度要求时,才考虑选用立方氮化硼和陶瓷刀具。

2)任何刀具材料在强度、韧性和硬度、耐磨性之间不能兼顾,在选择刀具材料时,可根据工件材料切削加工性和加工条件,通常先考虑耐磨性。崩刃问题尽可能用刀具的合理几何参数来解决。如果因刀具材料脆性太大造成崩刃,才考虑降低耐磨性要求,选用强度和韧性较好的刀具材料。一般情况下,低速切削时,切削过程不平稳,容易产生崩刃现象,宜选用强度和韧性较好的刀具材料;高速切削时,切削温度对刀具材料的磨损影响最大,应选择耐磨性好的刀具材料。

随着航空工业的发展,新的工程材料不断出现,对刀具材料的要求也不断提高,因此,改进现有刀具材料,发展新型刀具材料一直是冶金、机械科技工作者研究的重要课题。

2.2　机械加工精度及表面质量

2.2.1　概述

产品质量取决于零件机械加工质量和装配质量,而零件的机械加工质量既与零件的材料性能有关,也与机械加工精度、表面粗糙度等几何因素及表层组织状态有关。零件的机械加工质量决定着产品的性能、质量和使用寿命。机械加工质量包含机械加工精度和机械加工表面质量。

1.机械加工精度含义

加工精度是指零件加工后实际几何参数(尺寸、形状和位置)与理想几何参数相符的程度。符合程度越高,加工精度越高。所谓理想零件,对表面形状而言,就是绝对正确的圆柱面、平面、锥面等;对表面位置而言,就是绝对的平行、垂直、同轴和一定的角度等;对尺寸而言,就是零件尺寸的公差带中心。

与加工精度相对应的概念就是加工误差，加工误差是指零件加工后的实际几何参数对理想几何参数的偏离程度。加工误差的大小表示加工精度的高低，加工误差是加工精度的度量。

机械加工精度包括三个方面：

(1)尺寸精度：指加工后零件的实际尺寸与理想尺寸相符合的程度；

(2)形状精度：指加工后零件的实际形状与理想形状相符合的程度；

(3)位置精度：指加工后零件的实际位置与理想位置相符合的程度。

2.机械加工表面质量含义

任何机械加工方法所获得的加工表面，实际上都不可能是绝对理想的表面。加工表面质量是指零件在加工后的表面层状态。加工表面质量包括两个方面：加工表面的几何形状特征和表面层的物理机械性能的变化。

(1)表面粗糙度和表面波度。

1)表面粗糙度是加工表面的微观几何形状误差，其波高与波长比值一般小于1：1 000。

2)表面波度是加工表面不平度中波长与波高比值等于50～1 000的几何形状误差。它是由机械加工中振动引起的。

(2)表面层物理机械性能。表面层物理机械性能主要有以下三个方面的内容。

1)表面层的冷作硬化：在机械加工过程中，工件表层金属受到切削力的作用产生强烈的塑性变形使晶体间产生剪切滑移，晶粒严重扭曲，并产生晶粒的拉长、破碎和纤维化，这时工件表面的强度和硬度提高，塑性降低，这种现象称为加工硬化，又称为冷作硬化。

影响表面层加工硬化的因素：

A.切削力，切削力越大，塑性变形越大，则硬化程度和硬化层深度就越大。例如，当进给量 f、背吃刀量 a_{sp} 增大或刀具前角 γ_o 减小时，都会增大切削力，使加工硬化严重。

B.切削温度，切削温度增高时，使得加工硬化程度减小。如切削速度很高或刀具钝化后切削，都会使切削温度不断上升，部分地消除加工硬化，使得硬化程度减小。

C.工件材料，被加工工件的硬度越低，塑性越大，切削后的冷硬现象越严重。

2)表面层金相组织变化：金属切削热导致加工表面温度升高。当工件表面温度超过金相组织变化的临界点时，就会产生金相组织的变化。

例如磨削加工产生的高温引起工件烧伤，使其表层金相组织发生改变。磨削淬火钢时，会产生如下三种金相组织变化。

A.退火烧伤：磨削温度超过相变温度720℃，未予冷却时。

B.淬火烧伤：磨削温度超过相变温度720℃，充分冷却时。

C.回火烧伤：磨削温度低于相变温度720℃，但超过350℃时。

3)表面层残余应力：当切削过程中表面层组织发生形状变化和组织变化时，在表面层及其与基体材料的交界处就会产生互相平衡的弹性应力，称为表面残余应力。

残余应力产生的原因主要有切削力引起的冷塑性变形、切削热引起的热塑性变形和切削高温作用下引起的表面层金属发生相变金相组织变化。通常残余应力的产生是上述三种原因综合作用变化的结果。

2.2.2　获得加工精度的方法

1.获得尺寸精度的方法

(1)试切法:通过试切—测量—调整—再试切,反复进行到工件尺寸达到规定要求为止。试切法所能达到的精度可以很高,但与操作工人的技术水平关系较大。试切尺寸的测量精度、刀具的调整精度及材料的切削性能是影响加工精度的主要因素。试切法由于需要经多次调整、试切和测量,加工时间较长,因此,只适合于单件小批量生产。

(2)调整法:预先用样件或标准件调整好刀具和工件在机床上的相对位置,并在一批零件的加工过程中保持这个位置不变,以保证工件被加工尺寸。其加工精度取决于调整精度和测量精度,常用于成批大量生产。

(3)定尺寸刀具法:是指用刀具的相应尺寸保证加工表面的尺寸精度。它是利用标准尺寸的刀具加工,加工尺寸由刀具尺寸精度决定。一般用于封闭或半封闭表面的加工,如铰孔、扩钻孔、钻头、拉孔和铣槽等。其生产率高,但刀具制造复杂。

(4)自动控制法:是指在加工过程中,将测量、进给装置和控制系统组成一个自动加工系统,通过自动测量和数字控制装置,在达到尺寸精度后自动停止加工,从而获得所要求的尺寸精度。如在数控机床上加工工件时,通过数控装置、测量装置及伺服驱动装置,控制刀具在加工时的位置,从而保证加工尺寸精度。

2.获得形状精度的方法

零件的形状精度是构成零件各几何要素在几何形状方面的精度要求,即圆度、圆柱度、直线度、平面度、线轮廓度和面轮廓度这六项指标。在机械加工中,主要依靠成形运动法,即依靠刀具和工件做相对成形运动,获得零件表面形状。主要方法有以下几种。

(1)轨迹法:通过刀尖运动的轨迹来获得形状精度的方法,也称点(刀尖)成形运动法,其加工精度取决于各成形运动的精度。例如在车削加工中,刀尖的运动轨迹与工件的回转运动构成了相对成形运动,从而获得零件的表面形状。

(2)仿形法:刀具依照仿形装置进给获得工件形状精度的方法。仿形法得到的形状精度取决于仿形装置的精度和其他成形运动的精度。如仿形车、仿形铣等均属于仿形法加工。

(3)成形法:利用成形刀具对工件加工获得形状精度的方法,即用成形刀具取代变通刀具,成形刀具的切削刃就是工件外形。成形刀具可以替代一个成形运动。成形法可以简化机床或切削运动,提高生产率。成形法所获得的形状精度取决于成形刀具的形状精度和其他成形运动的精度。

(4)展成法:展成法也称范成法,就是利用工件和刀具的展成切削运动进行加工的方法。展成法所得被加工表面是切削刃和工件做展成运动过程中所形成的包络面,如图 2.12 所示,切削刃形状必须是被加工面的共轭曲线。它所获得的精度取决于切削刃的形状和展成运动的精度等。

这种方法用于各种齿轮齿廓、花键键齿和蜗轮轮齿等表面的加工,其特点是刀刃的形状与所需表面几何形状不同。例如齿轮加工,刀刃为直线(如滚刀、齿条刀),而加工表面为渐开线。展成法形成的渐开线是滚刀与工件按严格速比转动时,刀刃的一系列切削位置的包络线。如图 2.12 所示。

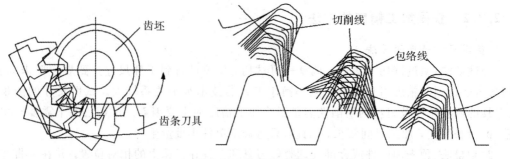

图 2.12　齿廓展成原理

（5）非成形法：依靠在加工过程中对工件的不断检验和工人的熟练操作技术完成对工件的成形表面加工。例如，精密块规、陀螺球的手工研磨加工，精密平台、平尺的精密刮研，模具型腔的钳工加工等。

3.获得位置精度的方法

零件的位置精度是零件上各有关几何要素之间在位置方面的精度要求，即平行度、垂直度、倾斜度、同轴度、对称度、位置度、圆跳动和全跳动这八项指标。在机械加工中，零件位置精度的获得主要有以下三种方法。

（1）找正位置法：在加工前使用辅助工具和量具对工件进行找正定位，使工件基准面处于正确位置，然后夹紧。例如，如图 2.13 所示，在磨床磨削轴套的内孔时，使用千分表对外圆表面进行找正，再磨削内孔，以保证内孔对外圆的同轴度；在铣床上使用划针或千分表找正定位。

（2）夹具定位法：如图 2.14 所示，在机床上安装好夹具，工件依靠夹具中定位元件进行定位。这种方法操作简单，节约时间，精度较稳定，是成批大量生产中较为理想的方法。

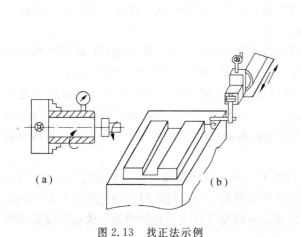

图 2.13　找正法示例

（a）磨内孔时工件的找正；（b）刨槽时工件的找正

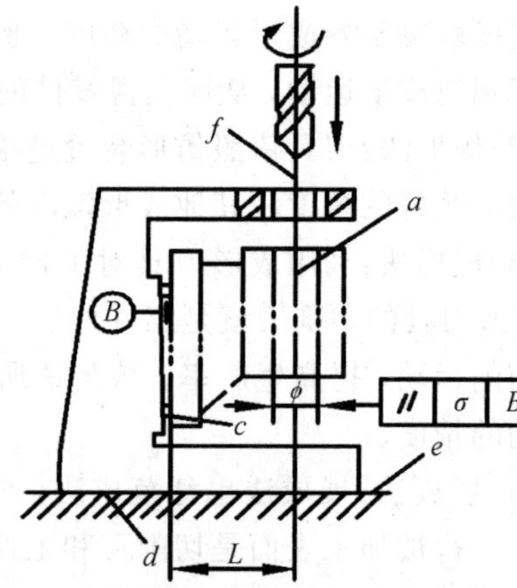

图 2.14　钻床夹具定位示例

（3）机床夹紧面定位法：这种方法是直接利用机床的装夹面（如工作台表面）对工件进行定位，而后夹紧工件进行加工，使之在整个加工过程中都不脱离这个位置，保证加工面对基准面相对位置精度。例如，磨削平面时，将工件基准面放于磁力工作台上，靠磁力夹紧（见图2.15），即可保证被加工面对基准面的平行度。

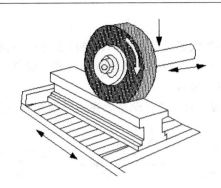

图 2.15　机床夹紧面定位示例

2.2.3　加工精度的影响因素

在机械加工中，由工件、夹具、机床和刀具构成零件的机械加工工艺系统。工艺系统中各个环节所存在的误差，在不同条件下，以不同的程度和方式反映为工件的加工误差，它是产生加工误差的根源，因此，工艺系统的误差称为原始误差。原始误差主要来自两个方面：一方面是在加工前就存在的工艺系统本身的误差（几何误差），包括工件、夹具、刀具的制造和安装误差；另一方面是加工过程中工艺系统的受力和受热变形、刀具的磨损、刀具成形运动的变化等引起的误差，以及加工后因内应力引起的变形等。

1. 原理误差

原理误差是由于采用了近似的加工成形运动或使用近似刃带形状的刀具而产生的加工误差。采用理论上完全正确的加工方法，有时会使机床及刀具的结构极为复杂，以致制造困难，或者由于环节过多，增加了机构运动中的误差，反而得不到高的加工精度，所以在生产实际中常采用近似的加工原理以获得实效。因此绝不能认为有了原理误差就不是一种完善的加工方法。

(1) 由于使用形状近似的刀具来加工所造成的误差。用成形刀具加工复杂的形面，往往采用圆弧或直线等简单线形代替理论轮廓，或用一种线形刃带的刀具加工多种形面。如使用齿轮模数铣刀铣削某一齿数范围渐开线圆柱齿轮；为了滚刀的制造方便，多用阿基米德蜗杆来代替渐开线蜗杆滚刀切削渐开线齿轮。

(2) 由于使用近似的加工方法所造成的误差。如用滚刀切削齿轮、花键轴时，是利用展成法原理，为了得到切削刃口，在滚刀上形成刀齿。这些刀齿是有限的，因此滚刀只能是断续切削，齿形是由各个刀齿轨迹的包络线所形成的，是一些近似的折线。在加工渐开线齿轮时，加工出的齿轮齿形也是一条近似渐开线的折线。另一个例子是在数控电火花线切割机床上加工工件的曲线轮廓表面时，工件的曲线轮廓由机床 x、y 工作台依次提供微小脉冲进给而合成所要求的曲线廓形，因此，该曲线实际上是由微小折线构成的，即存在着原理误差。

2. 机床误差

机床误差是指在无切削负荷下，来自机床本身的制造误差、安装误差和磨损。对加工精度有重大影响的机床误差有主轴回转误差、导轨误差和传动链误差。

(1) 机床主轴回转误差。理论上机床主轴回转时，回转轴线的空间位置是固定不变的，即它的瞬时速度为零。而实际主轴系统中存在着各种影响因素，使主轴回转轴线的位置发生变化。将主轴实际回转中心的瞬时位置与主轴回转中各位置的平均轴线之间最大偏差称为主轴回转误差。机床主轴回转误差的类型主要有以下几种。

1) 纯径向跳动：实际回转轴线始终平行于理想回转轴线，在一个平面内做等幅的跳动，如图 2.16(a)所示。

2)纯轴向窜动:实际回转轴线始终沿理想回转轴线做等幅的窜动,如图 2.16(b)所示。

3)纯角度摆动:实际回转轴线与理想回转轴线始终成一倾角,在一个平面上做等幅摆动,且交点位置不变,如图 2.16(c)所示。

实际工作中,主轴几何轴线的误差运动是上述三种误差的综合。

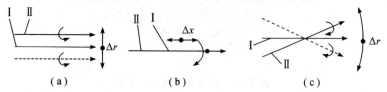

(a)   (b)   (c)

图 2.16　机床主轴回转误差类型

(2)机床导轨误差。机床导轨是确定主要部件相对位置的基准,也是运动基准,导轨各项误差直接影响被加工工件的精度。

1)水平面内的直线度误差对加工精度的影响。如图 2.17 所示,当车床导轨在水平面内有了弯曲,在纵向切削过程中,刀尖的运动轨迹相对于工件轴心线之间就不能保持平行,当导轨直线度误差为 Δ_1 时,Δ_1 将直接反映在工件加工表面法线方向(误差敏感方向)上,误差 $\Delta R = \Delta_1$,对加工精度影响最大。刀尖在水平面内的运动轨迹造成工件轴向形状误差。当导轨向前凸时,产生鞍形加工误差,反之,产生鼓形加工误差。

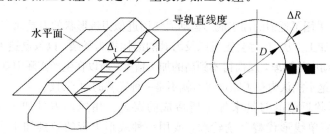

图 2.17　车床导轨在水平面内直线度引起的误差

2)垂直面内的直线度误差对加工精度的影响。如图 2.18 所示,当车床导轨在垂直平面内有了弯曲,会使工件在纵剖面内形成双曲线的一部分,近似地可以看成锥形或鞍形,此时,引起工件的半径误差 ΔR:对卧式车床 $\Delta R \approx \Delta_2{}^2/D$,若设 $\Delta_2 = 0.1$ mm,$D = 40$ mm,则 $\Delta R = 0.000\ 25$ mm,影响可忽略不计;而对平面磨床、龙门刨床误差将直接反映在工件上,$\Delta R = \Delta_2$。

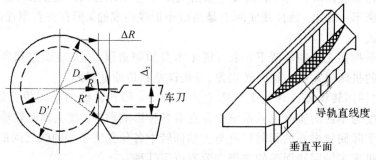

图 2.18　车床导轨在垂直平面内直线度引起的误差

3)机床前后导轨的平行度误差对加工精度的影响。卧式车床或外圆磨床若前后导轨存在平行度误差时，刀具和工件之间相对位置发生变化，刀尖运动轨迹是一条空间曲线，使工件产生形状误差。如图 2.19 所示，若扭曲误差为 δ，工件误差 $\Delta R \approx (H/B)\delta$，一般车床 $H/B \approx 2/3$，外圆磨床 $H/B \approx 1$，误差对加工精度影响很大。

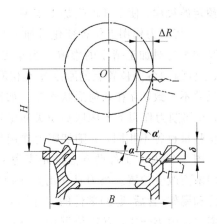

图 2.19　机床导轨扭曲对工件的影响

（3）机床传动链误差。传动链误差是指机床内传动链始末两端的传动元件间相对运动的误差，一般用传动链末端元件的转角误差来衡量。产生的原因是传动链中各传动元件的制造误差、装配误差及磨损等。减少传动链误差的措施：尽可能缩短传动链，减少传动元件数目；尽量采用降速传动，缩小误差；提高传动元件、特别是末端元件的制造和装配精度；消除传动间隙；采用误差补偿机构或自动补偿装置。

3.调整误差

调整主要是指使刀具切削刃与工件定位基准间从切削开始到切削终了都保持正确的相对位置，主要包括机床调整、夹具调整和刀具调整等。由于调整不可能绝对准确，也就带来了一项原始误差，即调整误差。

4.刀具制造和安装误差

对于定尺寸刀具，刀具尺寸精度直接影响工件尺寸精度；对于成形刀具，刀具形状精度直接影响工件形状精度；对于展成刀具，刀刃形状精度会影响工件加工精度；对于一般刀具，其制造精度对工件加工精度无直接影响。

5.夹具精度和工件定位精度

夹具的作用是使工件相对于刀具和机床具有正确的位置。在成批和大批大量生产中，被加工零件有关几何要素的位置精度是用夹具来获得的。当夹具直接安装到机床上时，由于增加了夹具这个环节，故影响位置精度的因素除了机床的几何精度外，还与夹具的制造精度和安装精度有关。当夹具安装在机床上是采用调整安装时，则影响位置精度的主要因素转化为夹具的调整精度。

工件在夹具的定位面上定位，工件定位基准面与夹具定位元件的定位面不可能完全重合，要产生定位误差。工件的定位基准面靠紧夹具定位元件的定位面并固定时，如果工件定位基准面较粗糙，硬度较低，压力过大，会使基准面的位置发生变动，从而带来加工误差。

定位基准与设计基准不一致所引起的定位误差，称为基准不重合误差。定位基准面和定位元件本身制造得不准确或定位副间的配合间隙所引起的工件最大位置变动量，称为基准位置误差。

6.工艺系统受力变形造成的误差

工艺系统在完成对工件加工过程中，始终受到切削力、惯性力、重力和夹紧力等外力作用。力的作用使工艺系统产生变形，从而破坏了已调整好的刀具与工件之间的相对位置和机床预定的规律，使工件产生加工误差。

（1）切削力作用点位置变化对加工精度的影响。以在车床上用两顶针支承光轴车削为例，研究切削力对加工精度的影响。当车刀做纵向走刀运动时，切削力作用点随之移动。而车床、工件纵向各个位置上的刚度各不相同，系统的变形不一，从而车出的光轴在纵向各处直径尺寸不一致，存在几何形状误差。如图2.20所示，假设只考虑切削过程中系统刚度的变化，在切削力作用下车床床头顶尖和尾架顶尖产生位移，当刀具作用在不同位置时，两顶尖的位移量也各不相同，并随切削力作用位置变化而变化。

图2.20中，工件两支点的距离为L，切削力分力——背向力（或称径向力）F_p随刀具纵向切削而改变位置。当刀具作用点在距床头前顶尖X处时，通过工件作用在床头（含顶尖）部件和尾架（含后顶尖）部件的力分别为F_A和F_B，刀架受力F_p，从而使床头位置由$A \rightarrow A'$，尾架位置由$B \rightarrow B'$，刀架位置由$C \rightarrow C'$，其值分别为Y_t、Y_w、Y_d，相应地工件中心位置由$AB \rightarrow A'B'$，在X处位移为Y_X。因机床的床头刚度比尾架好，所以$Y_t < Y_w$。在不考虑工件刚度（认为工件刚度足够大）时，在刀具作用点C处的总位移Y_{jc}为$Y_{jc} = Y_X + Y_d$，根据作用力、刚度与变形之间的关系，可得机床的总变形为

$$Y_{jc} = Y_X + Y_d = F_p \left[\frac{1}{K_d} + \frac{1}{K_t} \left(\frac{L-X}{L} \right)^2 + \frac{1}{K_w} \left(\frac{X}{L} \right)^2 \right] \qquad (2-10)$$

可见Y_{jc}是X的抛物线形二次函数，使车出的工件呈两端粗、中间细的鞍形。

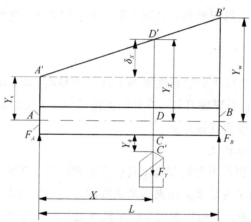

图2.20　工艺系统变形随切削力位置变化情况

如果车削细长轴工件，则必须考虑工艺系统中工件的变形，假设此时不考虑机床和刀具的变形，工件变形可按简支梁计算：

$$Y_g = \frac{F_p}{3EI} \cdot \frac{(L-X)^2 X^2}{L} \qquad (2-11)$$

显然，在$X=0$或$X=L$处，$Y_g=0$；当$X=L/2$时，工件变形最大，$Y_g = \frac{F_p L^3}{48EI}$。因此，加工后的工件呈鼓形。

（2）切削力大小变化对加工精度的影响。在加工过程中，由于工件加工余量或材料硬度不均匀，都会引起径向力F_p的变化，从而使工艺系统受力变形不一致而产生加工误差，使毛坯误差部分反映到工件上，此种现象称为"误差复映"。当然，加工后工件表面残留的误差比起毛坯表面的误差从数值上看，已大大减小了。

如图 2.21 所示，假设毛坯有椭圆形圆度误差，在工件每转一转的过程中，背吃刀量将从最大值 a_{sp1} 减小到 a_{sp2}，然后又增加到 a_{sp1}。由于吃刀深度的变化，引起切削力的变化，假设工件硬度均匀，那么在吃刀量最大 a_{sp1} 处，切削力最大，对应的系统的变形最大为 y_1；在吃刀量 a_{sp2} 处切削力最小，对应的系统变形量最小为 y_2。因此，当毛坯存在椭圆形圆度误差为 $\Delta_m = a_{sp1} - a_{sp2}$，由于工艺系统受力变形的变化而使工件产生相的椭圆形圆度误差为

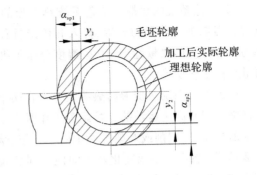

图 2.21　毛坯形状的误差复映

$\Delta_g = y_1 - y_2$。为了描述加工误差与毛坯误差之间的关系，定义 $\varepsilon = \dfrac{\Delta_g}{\Delta_m}$，称之为误差复映系数。

按切削力计算公式 $F_p = C_{F_p} a_{sp}^{X_{F_p}} f^{Y_{F_p}}$，式中 C_{F_p} 为与切削条件有关的系数；a_{sp} 为吃刀深度，f 为进给量，X_{F_p}，Y_{F_p} 为指数系数。假设在一次走刀中，切削条件和进给量不变，即 $C_{F_p} f^{Y_{F_p}} = C$（常数）。在车削加工中，$X_{F_p} \approx 1$，则 $F_p = Ca_{sp}$，工艺系统受力变形 $y = F_p/K_{st} = Ca_{sp}/K_{st}$，其中 K_{st} 为加工系统刚度，则误差复映系数 $\varepsilon = \dfrac{\Delta_g}{\Delta_m} = \dfrac{C}{K_{st}}$。由此可知，误差复映系数与加工系统刚度有关，工艺系统刚度越大，ε 越小，毛坯误差在工件上的复映也就越小。当一次走刀工步不能满足精度要求时，则必须进行第二次、第三次走刀……，若每次走刀工步的误差复映系数为 ε_1，ε_2，ε_3 ……，则总复映系数为

$$\varepsilon = \varepsilon_1 \varepsilon_2 \varepsilon_3 \cdots \tag{2-12}$$

可见，经过几次走刀后，ε 会很小，工件的误差就会减小到工件公差许可的范围内。

（3）由于夹紧力而引起的误差。对于刚度比较差的零件，在加工时由于夹紧力安排不当使零件产生弹性变形，加工后，卸下工件，这时弹性恢复，造成形状误差。如图 2.22 所示，三爪卡盘夹紧薄壁零件，假定毛坯是正圆形，夹紧后工件发生弹性变形，在夹紧状态镗出来的孔为正圆形，但松开后，零件弹性恢复使孔变成三棱形，造成零件加工的形状误差。

又如在平面磨床上加工薄片零件，如薄垫圈、薄垫片等，由于零件本身原来有形状误差，当用电磁吸盘夹紧时，零件产生弹性变形，磨削后松开工件，弹性恢复，结果仍有形状误差。

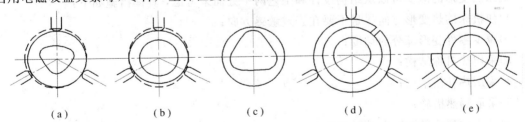

（a）　　　　　　（b）　　　　　　（c）　　　　　　（d）　　　　　　（e）

图 2.22　夹紧变形

（a）夹紧后；（b）镜孔后；（c）松开后；（d）加过渡环后；（e）用专用卡后

7. 工艺系统受热变形造成的误差

在机械加工中，工艺系统在各种热源的影响下会产生复杂的变形，使得工件与刀具间的正确相对位置关系遭到破坏，造成加工误差。

(1)工艺系统的热源。工艺系统热变形的根本原因是系统内温度场分布的变化，而温度场的分布取决于热量的产生、传入和传出过程。当温度达到热平衡时，单位时间内散出的热量与热源传入的热量趋于相等，温度分布不再变化，成为与时间无关的稳定温度场，也就不再继续产生热变形。

引起工艺系统热变形的热源主要来自两个方面：一是内部热，包括轴承、离合器、齿轮副、丝杠螺母副和高速运动的导轨副等工作时产生的摩擦热，以及液压系统和润滑系统等工作时产生的摩擦热；切削或磨削过程中由于挤压、摩擦和金属弹性、塑性变形产生的切削热。二是外部热源，指由于室温变化及车间内不同位置、不同高度和不同时间存在的温差，以及因空气流动产生的温度差等；日照、照明设备以及取暖设备等的辐射热等。

对工艺系统加工精度影响最大的是大尺寸构件受热不均、温度差较大时引起的弯曲变形。实践证明，工艺系统的热变形问题重点在机床和工件上。

(2)机床热变形对加工精度的影响。机床在运转与加工过程中受到各种热源的作用，温度会逐步上升，由于机床各部件受热程度不同，温升存在差异，因此各部件的相对位置将发生变化，从而造成加工误差。

由于各类机床的结构和工作条件各异，引起机床热变形的热源和变形形式也是多种多样的。就机床来说，对加工精度影响的热变形部件主要是主轴部件、床身导轨以及两者相对位置的热变形。对于车、铣、钻、镗类机床，主轴箱中的齿轮、轴承摩擦发热，润滑油发热是其主要热源，使主轴箱及与之相连部分如床身或立柱的温度升高而产生较大变形。例如车床主轴发热使主轴箱在垂直面内和水平面内发生偏移和倾斜(见图 2.23)。

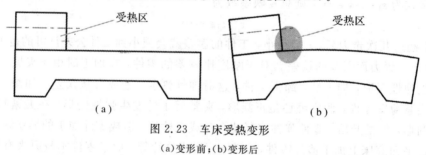

图 2.23　车床受热变形
(a)变形前；(b)变形后

机床热变形的减少可以从结构设计和工艺两个方面来考虑，具体措施如下：

1)使机床的热变形方向尽量不要在误差敏感方向；

2)减少零件变形部分的长度；

3)采用热对称结构；

4)采用热补偿结构；

5)采取隔热措施；

6)机床达到热平衡后再进行加工；

7)精密机床在恒温室内工作；

8)充分冷却，冷却液保持恒温；

9)机床连续运转工作。

(3)工件受热变形对加工精度的影响。在加工过程中，工件受热将产生热变形，工件在热膨胀的状态下达到规定的尺寸精度，冷却收缩后尺寸会变小，甚至可能超出公差范围，造成废品。使工件产生热变形的热源,主要是切削热。对于精密零件,周围环境温度和局部受到日光等外部热源的辐射热也不容忽视。

对于一些形状简单、对称的零件,如轴、套筒等,加工时(如车削、磨削)切削热能较均匀地传入工件,如果不考虑工件温升后散热,其温度沿工件全长和周围的分布是均匀的,工件的热变形也比较均匀,因此可以根据其平均温升来估算工件的热变形。工件热变形量可按下式估算:

$$\Delta L = \alpha L \Delta T \tag{2-13}$$

式中,α 为工件材料的热膨胀系数,单位为 $1/℃$;L 为工件在热变形方向的尺寸,单位为 mm;ΔT 为工件温升,单位为 ℃。

当工件受热不均匀,如在刨削、铣削及磨削加工平面时,工件单面受热,上下平面间产生温差,导致工件向上凸起,凸起部分被工具切去,加工完毕冷却后,加工表面就产生了中凹,造成了几何形状误差。如图 2.24 所示,磨削一个长度为 L、高为 H 的板类零件,假设加工表面的温度是均匀的,而上下表面的温差为 ΔT,则产生的热变形 y 可作如下估算:

$$y = \frac{\alpha \Delta T L^2}{8H} \tag{2-14}$$

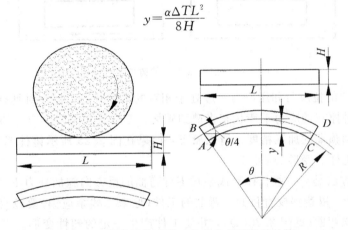

图 2.24　板类零件磨削时的弯曲变形及其计算

由式(2-14)可知,工件越薄,温差越大,工件越长,则工件热变形量就越大。因此,在加工大型薄板时,要特别注意减少切削热传入工件。通常采取的措旋是在切削时使用充分的冷却液,或提高工件的进给速度和砂轮横向进给量,使大部分热量由切屑带走,以减少切削表面的温升。此外,对于铜、铝等有色金属的加工,由于线膨胀系数较大,它们的受热变形较其他工件材料大得多,对加工精度的影响非常显著,应特别注意。

8. 残余应力对加工精度的影响

残余应力是指在没有外力作用下或当外载荷去除后,仍残留在工件内部的应力。零件中的残余应力往往处于一种很不稳定的相对平衡状态,在常温下,特别是在外界某些因素的影响下很容易失去原有的状态,使残余应力重新分布,在应力重新分布过程中会使零件产生相应的变形,从而破坏了原有的精度。因此,必须采取措施减少残余应力对加工零件精度的影响。

残余应力是由于金属内部组织发生了不均匀的体积变化而产生的。体积变化的产生主要来自热加工和冷加工。在毛坯制造工艺(铸、锻、焊、热处理)中,由于毛坯结构比较复杂,各部分厚度不均匀,散热条件相差很大,引起毛坯各部分冷热收缩不均匀以及金相组织转变时发生体积变化，从而使毛坯内部产生了相当大的残余应力。如图 2.25 所示，浇铸一个内、外壁厚相差较大的铸件。当铸件冷却时，由于壁 A,C 比较薄，散热快，而壁 B 较厚，散热比较困难，所以冷却较慢。由于热塑性和冷弹性的影响，当壁 A,C 从塑性状态冷却到弹性状态时(约 620℃)，壁 B 的温度还比较高，处于塑性状态。因此，壁 B 对壁 A,C 的收缩不起阻碍作用，铸件内部不产生残余应力。但当壁 B 冷却到弹性状态时，壁 A,C 的温度已降低很多，收缩速度变得很慢，而这时壁 B 收缩较快，就受到了壁 A,C 的阻碍。因此，壁 B 产生了拉应力，壁 A,C 产生了压应力。一般地，各种铸件的外表面总比中心部分冷却得要快，都难免因冷却不均匀而产生残余应力。

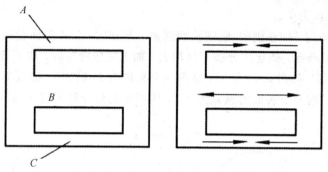

图 2.25　内外壁不等的铸件应力分布

　　工件内部残余的拉应力和压应力一般处于相对的平衡状态。但在对具有残余应力的工件进行加工时，这种原有的应力平衡状态将遭到破坏，工件就会因残余应力的重新分布而产生变形，因而得不到预期的加工精度。请想象下，如果在图 2.25 所示铸件壁 A 处切开一个缺口，工件将发生怎样的变形。

　　冷校直工艺方法是在一些长棒料或细长零件弯曲的反方向施加外力 F，使工件反方向弯曲，产生塑性变形，以达到校直目的。弯曲的工件(原来无残余应力)要校直，必须施加外力 F 使工件产生反向弯曲(见图 2.26(a))，并使工件产生一定的塑性变形。当工件外层应力超过屈服强度时，其层应力还未超过弹性极限，故分布情况如图 2.26(b) 所示，在轴心线以上的部分产生压应力(用负号表示)，在轴心线以下的部分产生拉应力(用正号表示)。去除外力后，由于下部外层已产生拉伸的塑性变形，上部外层已产生压缩的塑性变形，故里层的弹性变形恢复受阻，使残余应力重新分布而达到平衡，如图 2.26(c) 所示。如果在后续加工中再切去一层金属，工件内部的应力将重新分布而导致弯曲，因此而产生几何形状误差。

　　除此之外，工件在进行切削加工时，在切削力和摩擦力的作用下，使表层金属产生塑性变形引起体积改变，从而产生残余应力。磨削时局部高热会引起工件局部塑性变形，冷却后产生残余应力和工件相的变形。

　　在机械加工中，应按以下方法减少或消除残余应力。

　　(1)合理设计零件结构。壁厚均匀、结构对称，以减少铸锻件毛坯在制造中产生的残余应力。

　　(2)合理安排热处理和时效处理。铸件、锻件和焊接件在进入机械加工前应进行退火、回火热处理；对于箱体、床身和主轴等重要零件在粗加工或半精加工后进行时效处理(自然、人工、振动时效处理)。

　　1)自然时效就是把毛坯或工件放在露天下，长期搁置，经过夏热冬寒、日暖夜凉的反复作用，残余应力将逐渐消除。这种方法一般要花费半年至五年的时间，造成再制品和资金的积压，但效果很好。

2）人工时效就是进行热处理，又分高温时效和低温时效，前者是将工件加热到500～680℃，保温炉冷却至 200～300℃ 出炉，又称去应力退火、低温退火及高温回火。低温时效是加热到 100～160℃，保温几十小时出炉，低温时效效果好，但时间长。

3）振动时效就是使工件受到激振器的敲击，或工件在大滚筒中回转互相撞击，一般振动30～50 min 即可消除残余应力。这种方法可节省能源，对于大小零件都适用，但有噪声污染。

（3）合理安排工艺过程。在拟定工艺规程时，要将加工划分为粗、精等不同阶段进行，以使粗加工后内应力重新分布所产生的变形在精加工阶段去除。

（4）机械加工时应注意减小切削力，减小切削余量，减小背吃刀量进行多次走刀，以避免工件的变形。

（5）尽量不采用冷校直工序，对于精密零件，严禁进行冷校直。

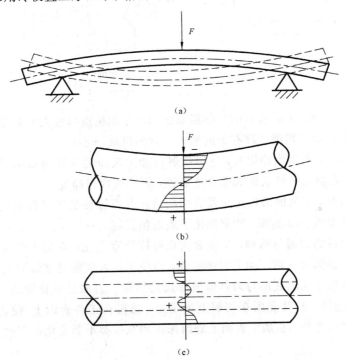

图 2.26　冷校直引起的内应力分布

2.2.4　机械加工表面质量

1.机械加工表面粗糙度及影响因素

（1）切削加工后表面粗糙度的形成。机械加工中，表面粗糙度形成的原因大致可归纳为两个因素：一是切削刃（或砂轮）与工件相对运动轨迹所形成的表面粗糙度——几何因素；二是与工件材料性质及切（磨）削机理有关的因素——物理因素。

1）几何因素。在理想切削条件下，由于切削刃的形状和进给量的影响，在加工表面上遗留下来的切削层残留面积高度形成了理论表面粗糙度，如图 2.27 所示，根据几何关系其最大

高度 R_{max} 计算公式为

$$尖刀切削时: R_{max} = \frac{f}{\cot\kappa_r + \cot\kappa'_r} \tag{2-15}$$

$$圆角刀切削时: R_{max} = \frac{f^2}{8r_e} \tag{2-16}$$

式中，f——进给量，mm；

$\quad\quad \kappa_r$——刀具主偏角；

$\quad\quad \kappa'_r$——刀具副偏角；

$\quad\quad r_e$——刀具圆角半径。

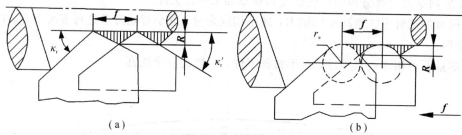

图 2.27　切削层残留面积高度

(a)尖刀切削；(b)圆角刀切削

2)物理因素。切削加工后表面的实际粗糙度与理论粗糙度有较大的差别，这是由于存在着与被加工材料的性能及切削机理有关的物理因素的缘故。

切削脆性材料时，产生崩碎切屑，这时切屑与加工表面的分界面很不规则，从而使表面粗糙度恶化，同时石墨由铸铁表面脱落产生痕迹，影响表面粗糙度。

切削塑性材料时，刀具的刃口圆角及后面的挤压与摩擦使金属材料发生塑性变形，导致理论残留面积的挤歪或沟纹加深，严重恶化了表面粗糙度。

切削过程中出现的刀瘤与鳞刺，会使表面粗糙度严重恶化，在加工塑性材料时，成为影响表面粗糙度的主要因素。切削加工时的振动，也使工件表面粗糙度值增大。

刀瘤是切削过程中切削底层与刀具前面冷焊的结果。刀瘤是不稳定的。它不断形成、长大、前端受冲击而崩碎。碎片黏附在切屑上被带走，或嵌在工件表面上，使表面粗糙度增大。刀瘤还会伸出切削刃之外，在加工表面上划出深浅和宽窄都不断变化的刀痕，使表面质量更加恶化。

鳞刺是已加工表面上产生的周期性的鳞片状毛刺，在较低及中高切削速度下，切削塑性材料时，常常出现鳞刺，它会使表面粗糙度等级降低 2~4 级。

(2)影响切削加工表面粗糙度的因素。

1)工件材料。工件材料的力学性能中影响表面粗糙度的最大因素是塑性。韧性较大的塑性材料，加工后粗糙度大，而脆性材料的加工粗糙度比较接近理论粗糙度。对于同样的材料，晶粒组织越是粗大，加工后的粗糙度也越大。为减小加工后的表面粗糙度，常在切削加工前进行调质或正常化处理，以便得到均匀细密的晶粒组织和较高的硬度。

2)刀具几何形状、材料、刃磨质量。刀具的前角对切削加工中的塑性变形影响很大，前角增大，塑性变形减小，粗糙度值也就减小；前角为负值时，塑性变形增大，粗糙度值增大。增大后角，可以减小刀具后面与加工表面间的摩擦，从而减小表面粗糙度。刃倾角影响着实际前角的大小,对表面粗糙度也有影响。主偏角和副偏角、刀尖圆弧半径从几何因素方面影响着加工表面粗糙度。

刀具材料及刃磨质量对产生刀瘤、鳞刺等影响甚大,选择与工件摩擦因数小的刀具材料(如金刚石)及提高刀刃的刃磨质量有助于降低表面粗糙度。此外,合理选择冷却液,提高冷却液润滑效果,也可以降低表面粗糙度。

3)切削用量。切削用量中对加工表面粗糙度影响最大的是切削速度,实践证明,切削速度越高,切削过程中切屑和加工表面的塑性变形程度就越小,粗糙度就越小,刀瘤和鳞刺都在较低的速度范围内产生。采用较高的切削速度能避免刀瘤和鳞刺对加工表面的不良影响。

2.机械加工表面质量对零件使用性能的影响

(1)表面质量对零件耐磨性的影响。

1)表面粗糙度及波度对耐磨性的影响。零件的磨损过程分为三个阶段:初期磨损阶段,磨损比较显著,也称跑合阶段;正常磨损阶段,磨损缓慢,也是零件的正常工作阶段;急剧磨损阶段,磨损突然加剧,致使工件不能继续正常工作。零件表面粗糙度对零件初期磨损的影响为当零件摩擦副表面粗糙度较小时,金属的亲和力增加,不易形成润滑油膜,从而使磨损增加;而当零件摩擦副表面粗糙度较大时,使实际接触面积减小,单位面积压力加大,也不易形成润滑油膜,同样使磨损加剧。在一定条件下,零件摩擦副表面有一个最佳粗糙度值,最佳粗糙度的值与工作条件有关,在 $0.32\sim1.2~\mu m$ 的范围内。

2)表面物理机械性能对耐磨性的影响。表面冷作硬化一般能提高零件的耐磨性,原因是冷作硬化提高了表面层的强度,减低了摩擦副表面进一步的塑性变形和咬焊的可能,但过度的冷作硬化会使金属组织疏松,甚至出现裂纹和剥落现象,降低耐磨性,表面层金相组织的变化改变了原有的金相组织,从而改变了原来的硬度,直接影响零件的耐磨性。

(2)表面质量对零件疲劳强度的影响。

1)表面粗糙度对零件疲劳强度的影响。零件表面的粗糙度、划痕和裂纹等缺陷容易引起应力集中,形成疲劳裂纹并使之扩展,从而降低了疲劳强度。

2)表面层物理机械性能对疲劳强度的影响。表面残余应力的性质和大小对疲劳强度的影响极大。当表面层具有残余压应力时,可以抵消部分交变载荷引起的拉应力,延缓疲劳裂纹的扩展,因而提高了零件的疲劳强度。而残余拉应力容易使加工表面产生裂纹,使疲劳强度降低。带有不同残余应力的同样零件,疲劳寿命可相差数倍至数十倍。为此,生产中常用一些表面强化的加工方法,如滚压、挤压和喷丸等,既提高了零件表面的强度和硬度,又使零件表面产生残余应力,从而提高疲劳强度。磨削烧伤会降低疲劳强度,其原因是烧伤后,表面层的硬度、强度都将下降。如果出现烧伤裂纹,疲劳强度的降低更为明显。

(3)表面质量对配合精度的影响。表面粗糙度对配合精度的影响很大。对于间隙配合表面,如果粗糙度过大,初期磨损就比较严重,从而使间隙增大,降低了配合精度和间隙配合的稳定性。对于过盈配合表面,轴压入孔内时表面粗糙的部分凸峰会被挤平,使实际过盈量减小,影响了过盈配合的连接强度和可靠性。

(4)表面质量对零件耐腐蚀性的影响。当零件在潮湿的空气中或腐蚀性的介质中工作时,会发生化学腐蚀和电化学腐蚀。前者是由于在粗糙表面凹谷处积聚腐蚀介质而产生的;后者是两种不同金属材料的表面相接触时,在表面粗糙顶峰间产生化学作用而被腐蚀掉的,降低表面粗糙度可以提高零件的抗腐蚀性。

(5)其他影响。表面质量对零件的使用性能还有一些其他影响，如对密封性能、零件的接触刚度和滑动表面间的摩擦因数等。

影响零件加工精度与使用性能的因素很多，其性质和程度各不相同，在实际生产中应认真加以分析，找出主要因素，才能采取相应措施，予以消除或补偿。

2.3 工件的定位

2.3.1 工件的安装方式

1. 工件的安装

机械加工中，为了保证工件的位置精度和用调整法获得尺寸精度时，工件相对于机床与刀具必须占有一个正确位置，即工件必须定位。工件定位后，为避免加工中受到切削力、重力等外力的作用而破坏定位，还必须将工件压紧夹牢，即工件必须夹紧。只有在工件定位而且夹紧后，才能保证在加工过程中始终保持已确定的正确位置，确保加工的顺利进行。

工件的定位和夹紧称为安装。工件安装的好坏将直接影响零件的加工精度，而安装的快慢则影响生产效率的高低。因此，工件的安装对保证质量、提高生产效率和降低加工成本有着重要的意义。

2. 工件安装的方式

在不同的生产条件下可采用不同的安装方式。

(1)直接找正安装。这是用百分表、划针或目测在机床上直接找正工件位置的方法。如图2.13所示，在磨床磨削轴套的内孔时，使用千分表找正工件外圆表面后夹紧，再磨削内孔，以保证内孔对外圆的同轴度。

所以，直接找正安装是根据工件上的某一表面来找正实现的，该方法一般精度不高，生产效率低，对工人技术水平要求高，一般适用于单件小批生产。

对形状复杂的零件，用直接找正安装比较困难，这时可采用划线找正安装。

(2)划线找正安装。这种方法是先在毛坯上按照零件图划出中心线、对称线和各待加工表面的加工线，如图2.28所示，然后将工件装在机床工作台上，根据工件上划好的线来找正工件在机床上的安装位置。

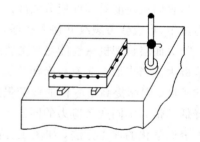

图 2.28　划线找正

划线找正法的精度受到划线精度和找正精度的影响。这种方法适用于单件、小批量生产中精度要求不高、形状比较复杂的较大箱体或基础零件加工。

(3)用专用夹具安装。工件放在为其加工专门设计和制造的夹具中，工件上的定位表面一经与夹具上的定位元件的工作表面配合或接触，即完成了定位，然后在此位置上夹紧工件。这种方法可以迅速而方便地使工件在机床处于所要求的正确位置，生产效率高，在成批大量生产中广泛采用。

图 2.14 所示为一钻床夹具示意图，需在一支架上钻孔，孔中心线 a 与支架底面的平行度

要求是由夹具上的钻套孔轴线与夹具定位元件 c 平面的平行度来获得的，孔中心线 a 到支架底面的尺寸精度是由钻套孔轴线到夹具定位元件 c 平面的距离尺寸决定的。

3．三种安装方式的工艺特点

(1)直接找正安装。这是根据工件上的某一表面用工具或肉眼来找正工件位置。它的安装精度取决于工人的经验及所采用找正工具，但存在下列缺点：

1)要求操作者工作细心且技术要熟练；

2)找正时间长；

3)工件要有可供找正的表面。

由于这种安装方式无需专用夹具，在单件、小批量生产或新产品试制中采用较多。

(2)划线找正安装。这种安装方式是根据工件上划好的线找正工件的位置，存在以下特点：

1)增加划线工序，且划线时间较长；

2)划线时会产生测量误差，线条有一定的宽度，找正时也会产生误差，所以安装精度较低；

3)安装所花时间较长。

因此，在大批量生产中不采用，即使是单件、小批量生产中，如果可以用直接找正安装方式，也最好不用划线找正安装。

(3)使用专用夹具安装。工件安装在专用夹具上，由于采用了专用的定位元件和夹紧装置，能够保证工件和刀具之间的相对位置正确，且能在加工过程中始终保持此正确位置。

在成批、大批大量生产中，为了提高生产效率，保证加工质量及质量的稳定，减轻工人的劳动强度以及可能由技术水平较低的工人来加工技术要求较高的工件，从而降低生产费用，所以广泛使用专用夹具安装工件。

2.3.2　基准的概念及分类

基准是用来确定生产对象上几何要素之间的几何关系所依据的那些点、线、面。根据其功用的不同，可分为设计基准和工艺基准两大类。

1．设计基准

在零件图上用于确定零件上的某些点、线、面位置所依据的那些点、线、面，称为设计基准。换言之，在零件图上标注设计尺寸的起始位置称为设计基准。如图 2.29(a)所示长方体零件，对尺寸 20 而言，A，B 面互为设计基准；图 2.29(b)所示阶梯轴零件，$\phi50$ mm 圆柱面的设计基准是 $\phi50$ mm 的轴线，$\phi30$ mm 圆柱面的设计基准是 $\phi30$ mm 的轴线，就同轴度而言，$\phi50$ mm 的轴线是 $\phi30$ mm 轴线的设计基准；图 2.29(c)所示带键槽的轴，圆柱面下素线 D 是槽底面 C 的设计基准。

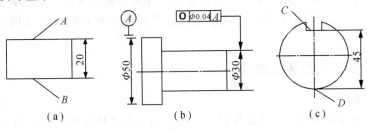

图 2.29　设计基准实例

从图中可以看出，设计基准可以是实际存在的点、线、面，也可以是假想的点、线、面（轴线、对称面等），除此之外，对设计基准而言，还可以互为设计基准。

2. 工艺基准

零件在加工工艺过程中所采用的基准的总和称为工艺基准。工艺基准又进一步分为工序基准、定位基准、测量基准和装配基准。

（1）工序基准。工序图上用来确定本工序被加工表面的尺寸、形状、位置的基准。简言之，它是工序图上的基准。而在工序图上确定被加工表面位置的尺寸称为工序尺寸。

如图 2.30 所示是在套筒零件上钻小孔的两种方案，图 2.30(a) 所示工序基准为 A 面，图 2.30(b) 所示工序基准为 B 面。可以看出，由于工序基准不同相应的工序尺寸也不同。

如图 2.31 所示为车削法兰盘的工序图，端面 F 为表面 1，2 的工序基准，表面 1 和 2 通过尺寸 L 及 l 与工序基准 F 相联系。外圆 d 和内孔 D 的工序基准是轴线。

联系被加工表面与工序基准的尺寸，是这道工序应直接得到的尺寸，称为工序尺寸。因此，工序基准也是工序图上工序尺寸、位置公差标注的起始点。

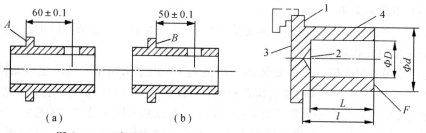

图 2.30　工序基准　　　　　　　　　图 2.31　车削法兰盘工序图

从上述可知，工序基准可以是实际存在的点、线、面，也可以是假想的点、线、面。零件加工时，应尽量使工序基准与设计基准重合，否则就要进行尺寸换算。

（2）定位基准。指在加工中使工件在机床上或夹具中占据正确位置所依据的基准。即安装工件时，用以确定被加工表面位置的基准。如图 2.31 中，大端面 3 为表面 1 及端面 F 的定位基准。如果用直接找正法安装工件，工件与定位元件工作表面接触的面是定位基准。作为定位基准的点、线、面，可以是实际存在的，也可以是假想的。假想的定位基准是由实际存在的表面来体现的，这些体现定位基准的表面称为定位基面。

工件上用作定位基准的表面可以是经过加工的表面，也可以是未经加工的表面。未经加工的表面作定位基准，叫粗基准；经过加工的表面作定位基准，叫精基准。

（3）测量基准。指测量时所采用的基准，即用来确定被测量尺寸、形状和位置的基准。如图 2.31 中，以端面 F 为基准，用深度卡尺测量表面 1，2 的尺寸 L，l，端面 F 就是表面 1，2 的测量基准。用卡尺测量外圆直径 ϕd，卡尺量爪与外圆接触的两点就是测量基准。

（4）装配基准。装配时用来确定零件或部件在产品中的相对位置所采用的基准，称为装配基准。

2.3.3　工件定位的基本规律

1. 六点定位原理

工件在夹具中定位的目的，是要使同一工序中的所有工件在加工时按加工要求在夹具中占有一致的正确位置。任何一个工件在夹具中未定位时，可以看成是空间直角坐标系中的自由物体，它可以沿三个坐标轴的平行方向放在任意位置，即具有沿三个坐标轴移动的自由度，记为 $\vec{X},\vec{Y},\vec{Z}$，以及绕三个坐标轴的转动的自由度，记为 $\hat{X},\hat{Y},\hat{Z}$。如图 2.32 所示。

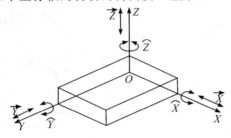

图 2.32 工件的六个自由度

为了限制工件的自由度，在夹具中通常用一个支承点来限制工件的一个自由度，这样用合理布置的六个支承点限制工件的六个自由度，使工件的位置完全确定，称为"六点定位原理"，如图 2.33 所示。

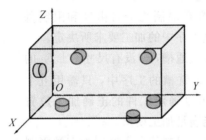

图 2.33 六点定位原理图

工件定位的实质就是限制对工件加工有不良影响的自由度。工件定位的任务就是根据加工要求限制工件的全部或部分自由度。例如，用调整法加工如图 2.34 所示零件键槽，为了保证槽底面与 M 面的尺寸 $A\pm T_A$ 及平行度要求，必须将零件的 M 面置于与工作台面平行的平面内，须限制 $\hat{X},\hat{Y},\vec{Z}$ 三个自由度；为保证槽侧面与 N 面的尺寸 $B\pm T_B$ 及平行度，零件 N 面需与机床进给方向平行，须限制 $\vec{X},\hat{Z}$ 两个自由度；为保证尺寸 $C\pm T_C$，需限制 $\vec{Y}$ 一个自由度。假设在空间直角坐标系中，XOY 坐标平面与夹具底面重合且与工作台平面平行，YOZ 平面与工作台纵向进给平行，XOZ 平面与工作台横向进给平行。在 XOY 平面上设置三个支承点，工件 M 面紧贴在三个支承点上，限制了 $\hat{X},\hat{Y},\vec{Z}$ 三个自由度；在 YOZ 平面设置两个支承点，工件 N 面紧贴在这两个支承点上，限制 $\vec{X},\hat{Z}$ 两个自由度；在 XOZ 平面上设置一个支承点，工件 P 面紧贴在这个支承点上，限制 $\vec{Y}$ 一个自由度。这样，工件六个自由度全部被限制了，所有工件旋转在夹具中的位置就可保持一致的正确且确定的位置。当刀具的加工位置调整好后，就可保证工件的加工技术要求。

在讨论定位问题时，把具体的定位元件抽象化，使其转化为相应的定位支承点。再用这些定位支承点来限制工件的自由度，如图 2.34 所示。

使用六点定位原理时，六个支承点的分布必须合理，否则不能有效地限制工件的六个自由度。如上例中长方体的定位以六个支承钉代替六个支承点，XOY 平面的三个支承点应成三角形，且三角形面积越大，定位越稳定；YOZ 平面上的两个支承点的连线不能与 XOY 平面垂直，否则不能限制绕 Z 轴转动的自由度。

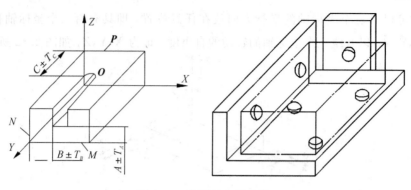

图 2.34　铣通槽定位分析

2. 工件夹具定位的类型

（1）完全定位与不完全定位。加工时，工件的六个自由度被全部限制了的定位称为完全定位。但在生产中并不是所有工序都采用完全定位。究竟限制几个自由度和限制哪几个自由度，完全由工件在该工序中的加工要求所决定。

在上例中，如果将键槽改成通槽，即没有尺寸 $C \pm T_C$ 的要求，则不需限制 $\overrightarrow{Y}$，即在这道铣槽的工序中，只需用五个支承点，限制五个自由度就可以确定工件的正确加工位置了，只要限制五个自由度就能满足加工要求。

根据加工要求，工件不需要限制的自由度而没有被限制定位，称为不完全定位。不完全定位在加工中是允许的。在考虑定位方案时，为简化夹具结构，对不需要限制的自由度，一般不设置定位支承点。但也不尽然，如在光轴上铣通槽，按定位原理，轴的端面可不设置定位销，但在设计时，常常设置一个定位挡销，一方面可承受一定的切削力，以减小夹

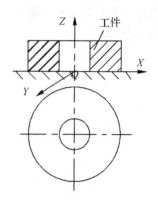

图 2.35　在盘类工件上钻通孔

紧力；另一方面也便于调整机床的工作行程。如图 2.35 所示，在盘类工件上钻通孔。$\overrightarrow{Z}$ 的自由度可不限制，但实际上往往被限制了，若有意不限制，反而夹具的结构更复杂。

（2）欠定位与过定位。按照工件加工要求应限制的自由度没有被限制的定位称为欠定位。欠定位不能保证加工要求，是不允许的。工件的某个自由度被两个以上的定位元件重复限制的定位称为过定位（重复定位）。过定位是否允许，应根据具体情况进行具体分析。

如图 2.36 所示为插齿机上插齿时工件的定位。工件 4 以内孔在心轴 7 上定位，限制了工件 $\overrightarrow{X}$，$\overrightarrow{Y}$，$\widehat{X}$，$\widehat{Y}$ 四个自由

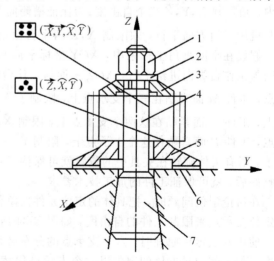

图 2.36　插齿时齿坯的定位
1—压紧螺帽；2—垫圈；3—压板；4—工件；
5—支承凸台；6—工作台；7—心轴

度,又以端面在凸台 5 上定位,限制了工件 $\hat{X},\hat{Y},\hat{Z}$ 三个自由度,其中 $\hat{X},\hat{Y}$ 被心轴和凸台重复限制。由于工件内孔和心轴的间隙很小,当工件内孔与端面的垂直度误差较大时,工件端面与凸台实际上只有一点接触,如图 2.37(a)所示,从而造成定位不稳定。更为严重的是,工件一旦被夹紧,在夹紧力作用下,势必引起心轴或工件的变形,如图 2.37(b)(c)所示。这样就会影响工件的装卸和加工精度,这种过定位是不允许的。

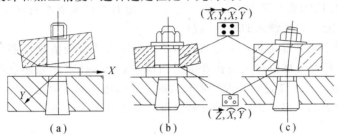

图 2.37　齿坯过定位的影响

但在有些情况下,只要重复限制自由度的支承点不使工件的装夹发生干涉及冲突,这种形式上的过定位,不仅是可取的,有时还有利于提高工件加工时的刚性,而且在生产中也有应用。

总之,单纯看定位问题,欠定位与过定位都是不合理的,能否采用,主要看其对加工精度的影响情况,或者采取其他的工艺措施。

(3)对定位的两种错误理解。在研究工件在夹具中定位时,容易产生两种错误的理解。一种认为:工件在夹具中被夹紧了,也就没有自由度可言了,因此,工件也就定位了。这种把定位和夹紧混为一谈,是概念上的错误。本书所说的工件定位是指所有加工工件在夹紧前要在夹具中按要求占有一致的正确的位置(忽略定位误差),而夹紧是在任何位置均可夹紧,不能保证各个工件在夹具中处于同一位置。如图 2.38所示的定位方式,由于在 X 方向的任意位置均可被夹紧,实际上就是工件在 X 轴方

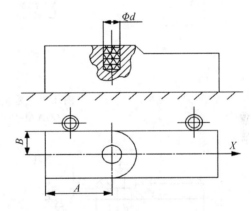

图 2.38　定位与夹紧关系

向位置不确定,从而造成各个工件孔到端面的尺寸不一致。

另一种错误的理解认为:工件定位后,仍具有沿定位支承相反的方向移动的自由度,这种理解显然也是错误的。因为工件的定位是以工件的定位基准与定位元件的工作表面相接触为前提条件的。如果工件离开了定位元件的工作表面也就不成其为定位,更谈不上限制自由度了。至于工件在外力的作用下有可能离开定位元件,应是夹紧来解决的问题。

3.定位元件对自由度的限制

在实际生产中,起约束作用的支承点是具有一定形状的几何体,这些用来限制工件自由度的几何体称为定位元件。而工件需要被限制的自由度是靠工件的定位基准和夹具定位元件的工作表面相接触或配合来实现的。夹具中常用的定位元件有支承钉、支承板、定位心轴、定位销和 V 形块等。

(1)工件以平面定位。工件以平面作为定位基面,是最常见的定位方式之一。如箱体、机座和支架等类型零件的加工中经常采用平面定位。

工件以平面为定位基面时常用的定位支承元件分为主要支承和辅助支承元件：

1)主要支承:用来限制工件的自由度,起定位作用。

A.固定支承。固定支承有支承钉和支承板两种形式。在使用过程中,它们都是固定不动的。在定位过程中,支承钉一般只限制工件的一个自由度,而支承板相当于两个支承钉。

常见支承钉的结构形式如图2.39所示。当工件以加工过的精基准定位时,可采用A型平头支承钉;当工件以粗糙不平的粗基准定位时,采用B型球头支承钉;C型齿纹头支承钉用在工件侧面定位,能增大接触面的摩擦因数。

支承板一般用于精基准定位,A型结构简单,但埋头螺钉处清理切屑比较困难,适用于侧面和顶面定位。B型支承板在沉头孔处带斜凹槽,易于保持工作表面清洁,适用于底面定位,如图2.40所示。当工件定位基准平面较大时,常用几块支承板组合成一个平面。为保证各固定支承的定位表面严格共面,装配后需要将其工作表面一次磨平。

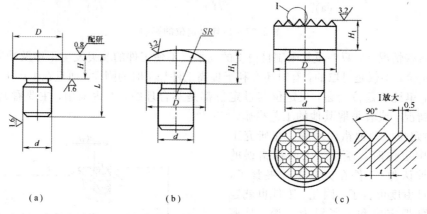

图2.39　常见支承钉的结构
(a)A型;(b)B型;(c)C型

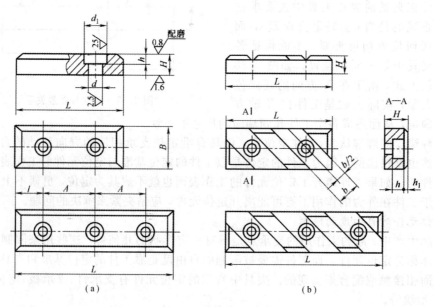

图2.40　常见支承板
(a)A型;(b)B型

B.可调支承。可调支承是指支承钉的高度可以进行调节,如图 2.41 所示为常用的几种可调支承,调整时要先松后调,调好后用锁紧螺母锁紧。

可调支承主要用于工件以粗基准定位时或定位基面的形状复杂(如成形面、台阶面等),以及各批毛坯的尺寸、形状变化较大时的情况。如图 2.42(a)所示工件,毛坯为砂型铸件,先以 A 面定位铣 B 面,再以 B 面定位镗双孔。铣 B 面时,若采用固定支承,由于定位基面 A 的尺寸和形状误差较大,铣完后,B 面与两毛坯孔(图中虚线)的距离尺寸 H_1,H_2 变化也大,致使镗孔时余量很不均匀,甚至出现余量不够。因此,将固定支承改为可调支承,再根据每批毛坯的实际误差大小来调整支承钉的高度,就可避免上述情况发生。

可调支承在一批工件加工前调整一次,在同一批工件的加工过程中,它的作用与固定支承相同。如图 2.42(b)所示的轴上钻径向孔,对于同一直径大小的轴,要求径向孔的位置不同时,就可用可调支承对不同批次的轴进行定位钻孔。

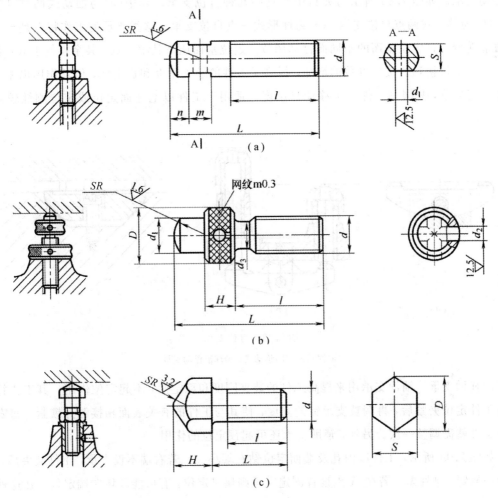

图 2.41 常用的几种可调支承

(a)调节支承之一;(b)调节支承之二;(c)调节支承之三

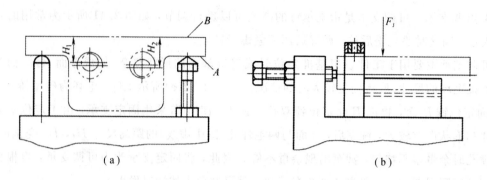

图 2.42　可调支承的应用

(a)铸件铣 B 面;(b)轴钻径向孔

C.自位支承(浮动支承)。在工件定位过程中，能自动调整位置的支承称为自位支承，或称浮动支承。如图 2.43 所示为夹具中常见的几种自位支承。其中(a)为摆动式两点自位支承，(b)为移动式两点自位支承，(c)为球形式三点自位支承。这类支承的工作特点是支承点位置能随着工件定位基面的不同而自动调节。定位基面压下其中一点，其余点便上升，直至各点都与工件接触。接触点数的增加，提高了工件的装夹刚度和稳定性，但其作用仍相当于一个固定支承，只限制工件一个移动自由度。适用于工件以毛坯面定位或定位刚性较差的场合。

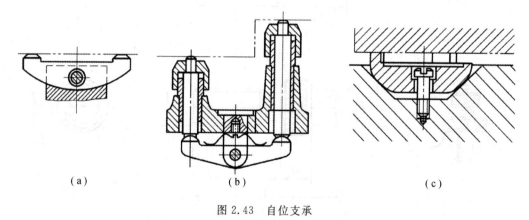

图 2.43　自位支承

(a)摆动式;(b)移动式;(c)球形浮动支承

2)辅助支承。辅助支承用来提高工件的装夹刚度和稳定性，不起定位作用。其工作特点是待工件定位夹紧后，再调整支承钉的高度，使其与工件的有关表面相接触并锁紧。每安装一个工件就需调整一次。另外，辅助支承还可起预定位的作用。

如图 2.44 所示，工件以内孔及端面定位钻右端小孔。若右端不设支承，工件装夹后，右臂为一悬臂，刚性差。若在 A 点设置固定支承则属过定位，有可能破坏左端定位。在这种情况下，宜在右端设置辅助支承。工件定位时，辅助支承是浮动的(或可调的)，待工件夹紧后再把辅助支承固定下来，以承受切削力。

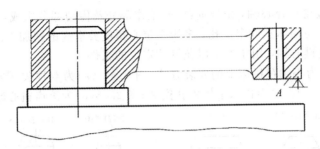

图 2.44　辅助支承的应用

如图 2.45 所示为夹具中常见的三种辅助支承。图 2.45(a)为螺旋式辅助支承。图 2.45(b)为自位式辅助支承，滑柱 1 在弹簧 2 的作用下与工件接触，转动手柄使顶柱 3 将滑柱锁紧。图 2.45(c)为推引式辅助支承，工件夹紧后转动手轮 4 使斜楔 5 左移并使滑销 6 与工件接触。继续转动手轮可使斜楔 5 的开槽部涨开而锁紧。

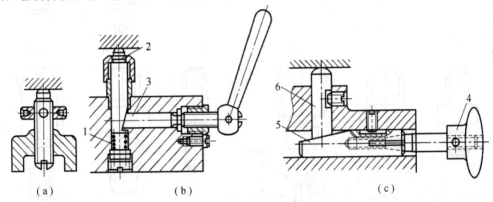

(a)　　　　　　　　(b)　　　　　　　　(c)

图 2.45　辅助支承
(a)螺旋式；(b)自位式；(c)推引式
1—弹簧；2—滑柱；3—顶柱；4—手轮；5—斜楔；6—滑销

(2)工件以圆孔定位。工件以圆孔定位是一种常见的定位形式(如盘类零件、杆权类零件常以圆孔作为定位基面)，此时是以工件孔的轴线作为定位基准的，夹具常用圆柱销和心轴作为定位元件。

1)圆柱销(定位销)。短圆柱销可限制两个自由度，而长圆柱销可限制四个自由度。从结构上看，定位销一般可分为固定式和可换式两种。固定式定位销是直接用过盈配合装在夹具体上使用的。如图 2.46 所示为常用定位销的结构。当工件孔径较小($D=3\sim10\text{ mm}$)时，为增加定位销刚度，避免销因受撞击而折断，或热处理时淬裂，通常把根部倒成圆角。这时夹具上应有沉孔，以使定位销的圆角部分沉入孔内而不会妨碍定位。A 型定位销一般用于精加工定位，B 型定位销(在定位销外圆上开有 V 型槽，减小定位销与定位基准圆孔面接触面积)一般用于粗基准。大批大量生产时，为了便于定位销的更换，可采用可换式定位销。为了便于工件顺利装入，定位销的头部应有 15°倒角。

2)圆柱心轴。心轴可以作为一个单独的夹具，广泛应用于车、铣、磨床上加工套筒及盘类零件。心轴在定位过程中一般限制工件四个自由度。

如图 2.47 所示为常用圆柱心轴的结构形式。图 2.47(a)为间隙配合心轴，其定位部分直径公差按 h6，g6 或 f7 制造，装卸工件方便，结构简单，定心精度低，常用于孔和端面组合定位。

图 2.47(b)为过盈配合心轴,由导向部分、工作部分及传动部分组成,制造简单,定位准确,装卸工件不便,易损坏工件定位孔,多用于定心精度要求高的精加工。

图 2.47(c)为花键心轴,用于加工以花键孔定位的工件。

如图 2.48 所示为心轴在机床上的安装方式,图 2.48（a）为双顶尖式安装;图 2.48(b)为一夹一顶式安装;图 2.48(c)为机床主轴锥孔安装;图 2.48(d)为滚齿机心轴安装。

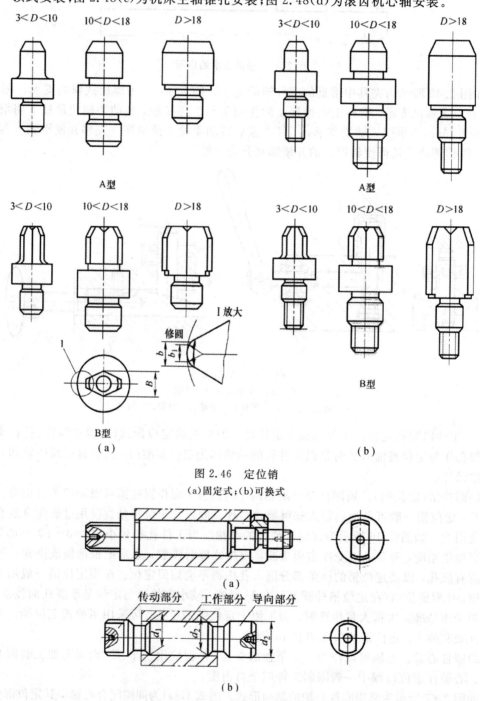

图 2.46　定位销

(a)固定式;(b)可换式

图 2.47　圆柱心轴

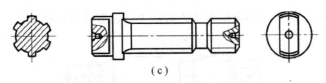

续图 2.47　圆柱心轴

(a)间隙配合心轴;(b)过盈配合心轴;(c)花键心轴

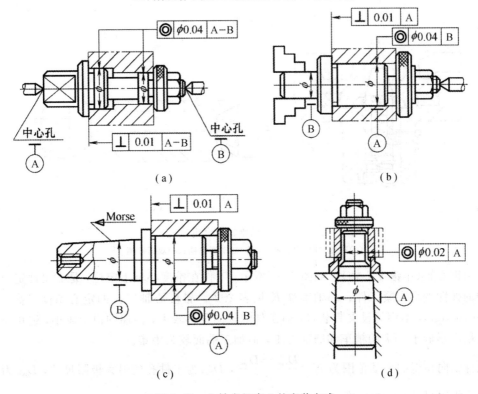

图 2.48　心轴在机床上的安装方式

(a)双顶尖式安装;(b)一夹一顶式安装;(c)主轴锥孔安装;(d)滚齿机心轴安装

3)圆锥销。圆锥销一般只能限制工件的三个移动自由度。如图 2.49 所示为工件以圆孔在圆锥销上定位的示意图。两者接触的迹线是一个圆。其中,图 2.49(a)用于粗基准定位,图 2.49(b)用于精基准定位。

工件在单个圆锥销上容易倾斜,为此,圆锥销一般与其他定位元件组合定位。如图 2.50 所示,其中图 2.50(a)为圆锥-圆柱组合心轴,锥度部分使工件准确定心,圆柱部分可减少工件倾斜;图 2.50(b)为以工件底面作为主要定位基准面,圆锥销是活动的,即使工件的孔径变化较大,也能准确定位;图 2.50(c)为工

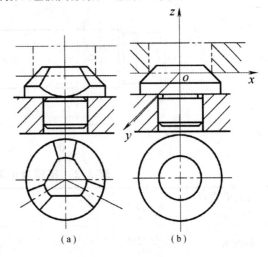

图 2.49　圆锥定位销

(a)用于粗定位基面;(b)用于精定位基面

件在双圆锥销上定位。以上三种定位方式均限制工件的五个自由度。

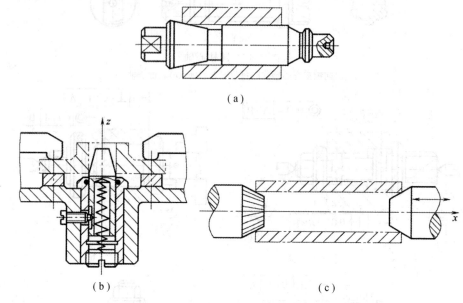

(a)

(b)   (c)

图 2.50 圆锥销组合定位

(a)圆锥-圆柱组合心轴；(b)活动圆锥销；(c)双圆锥销

4)圆锥心轴(小锥度心轴)。如图 2.51 所示,工件在锥度心轴上定位,是靠工件定位圆孔与心轴的弹性变形夹紧工件。心轴锥度 K 见表 2.2 。锥度心轴定位的定心精度较高,可达 $0.01\sim0.02$ mm,不用另设夹具装置,但工件的轴向位移较大,传递的扭矩较小,适用于工件定位孔精度不低于 IT7 的精车和磨削加工,但加工端面较为困难。

工件轴向位置的变动范围为 $N=\dfrac{D_{\max}-D_{\min}}{K}$, $D_{\max}$ 为工件孔的最大极限尺寸, $D_{\min}$ 为工件孔的最小极限尺寸, K 为锥度。

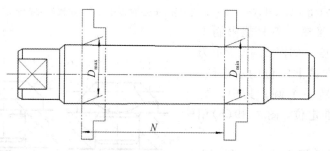

图 2.51 小锥心轴

表 2.2 高精度心轴锥度推荐值

工件定位孔直径 D/mm	$8\sim25$	$25\sim50$	$50\sim70$	$70\sim80$	$80\sim100$	>100
锥度 K	$\dfrac{0.01 \text{ mm}}{2.5D}$	$\dfrac{0.01 \text{ mm}}{2D}$	$\dfrac{0.01 \text{ mm}}{1.5D}$	$\dfrac{0.01 \text{ mm}}{1.25D}$	$\dfrac{0.01 \text{ mm}}{D}$	$\dfrac{0.01 \text{ mm}}{100}$

(3)工件以外圆面定位。工件以外圆柱面作为定位基面时，最常用的定位元件有 V 形块、定位套、半圆套和圆锥套。

1)V 形块 。V 形块作为定位元件应用非常广泛，工件以外圆柱面在 V 型块上定位的突出优点是对中性好，即工件上定位用的外圆柱面轴线始终处在 V 型块两斜面的对称面上，且不受定位基准直径误差的影响。如图 2.52 所示，V 形块的主要参数有以下几点：

d——V 形块的设计心轴直径，即工件的定位基面直径；

H——V 形块的高度；

N——V 形块的开口尺寸；

α——V 形块两工作平面间的夹角。有 $60°,90°,120°$ 三种，其中以 $90°$ 应用最广；

T——V 形块的定位高度，用以检验 V 形块的制造、装配精度。

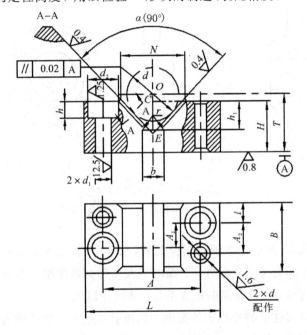

图 2.52 V 形块的结构

如图 2.53 所示为常用 V 形块的结构，其中图 2.53(a)用于较短的精基准定位；图 2.53(b)用于粗基准或阶梯轴定位；图 2.53(c)用于较长的精基准和相距较远的两个定位面。V 形块不一定采用整体结构的钢件，可在铸铁底座上镶淬硬的垫板，如图 2.53(d)所示，这种 V 形块一般用于直径与长度较大工件定位。

工件在 V 形块中定位，当工件外圆与 V 形块接触线较长时，相当于长 V 形块与外圆接触，它限制工件四个自由度，即 $\vec{X},\vec{Z},\hat{X},\hat{Z}$。当接触线较短时，相当于短 V 形块，限制工件两个自由度，即 $\vec{X},\vec{Z}$。

2)定位套。如图 2.54 所示为常用定位套。定位套结构简单，容易制造，定心精度不高，适用于精定位基面。为了限制工件沿轴向的自由度，常与端面联合定位。短定位套限制工件的两个自由度；长定位套限制工件的四个自由度。用端面作为主要定位面时，应控制套的长度，以免出现过定位及夹紧时工件产生不允许的变形。

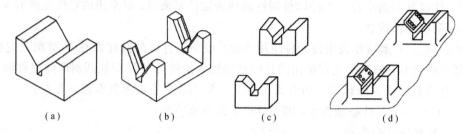

图 2.53　V 形块的结构类型

(a)精基准定位用 V 形块;(b)粗基准、阶梯轴定位用 V 形块;

(c)精基准面相距较远用 V 形块;(d)直径与长度较大工件定位用 V 形块

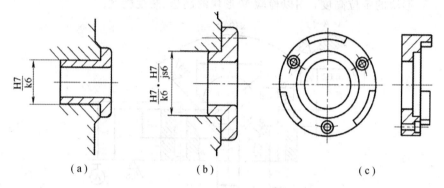

图 2.54　常用定位套

(a)长定位套;(b)短定位套;(c)直径较大定位套

3)半圆套。如图 2.55 所示为半圆套定位装置,主要用于大型轴类工件及不便轴向装夹的工件定位。下面的半圆套是定位元件,上面的半圆套起夹紧作用。半圆套的最小内径应取工件定位基面的最大直径,定位基面的精度不低于 IT8～IT9。

4)圆锥套。工件以圆柱面的端部在外拨顶尖的锥孔中定位,锥孔中有齿纹,以便带动工件旋转。顶尖体的锥柄部分插入机床主轴孔中,如图 2.56 所示。

常见定位元件及其组合所能限制的自由度见表 2.3。

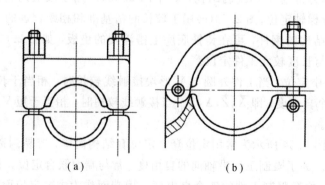

图 2.55　半圆套

(a)小型半圆套;(b)大型半圆套

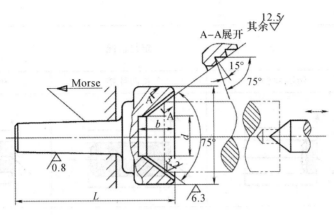

图 2.56　工件在圆锥套中的定位

表 2.3　常见定位元件及其组合限制的自由度

定位面	定位元件	定位情况		
		一个支承钉	两个支承钉	三个支承钉
平面	支承钉			
	限制的自由度	$\vec{X}$	$\vec{Y}$ $\hat{X}$	$\vec{Z}$ $\hat{X}$ $\hat{Y}$
		一块条形支撑板	两块条形支撑板	一块矩形支撑板
平面	支撑板			
	限制的自由度	$\vec{Y}$ $\hat{Z}$	$\vec{Z}$ $\hat{X}$ $\hat{Y}$	$\vec{Z}$ $\hat{X}$ $\hat{Y}$

续表

定位面	定位元件	定位情况		
圆孔	圆柱销	短圆柱销 	长圆柱销 	两段短圆柱销
	限制的自由度	$\vec{Y}$ $\vec{Z}$	$\vec{Y}$ $\vec{Z}$ $\hat{Y}$ $\hat{Z}$	$\vec{X}$ $\vec{Y}$ $\vec{Z}$ $\hat{Y}$ $\hat{Z}$
	圆柱销	菱形销 	长销小平面组合 	短销大平面组合
	限制的自由度	$\vec{X}$ $\vec{Y}$ $\vec{Z}$	$\vec{Y}$ $\vec{Z}$	$\vec{X}$ $\vec{Y}$ $\vec{Z}$ $\hat{Y}$ $\hat{Z}$
圆孔	圆锥销	固定锥销 	浮动锥销 	固定锥销与浮动锥销组合
	限制的自由度	$\vec{X}$ $\vec{Y}$ $\vec{Z}$	$\vec{Y}$ $\vec{Z}$	$\vec{X}$ $\vec{Y}$ $\vec{Z}$ $\hat{Y}$ $\hat{Z}$
圆孔	心轴	长圆柱心轴 	短圆柱心轴 	小维度心轴
	限制的自由度	$\vec{X}$ $\vec{Z}$ $\hat{X}$ $\hat{Z}$	$\vec{X}$ $\vec{Z}$	$\vec{X}$ $\vec{Z}$

续表

定位面	定位元件	定位情况		
外圆柱面	V 型块	一块短 V 型块	两块短 V 型块	一块长 V 型块
		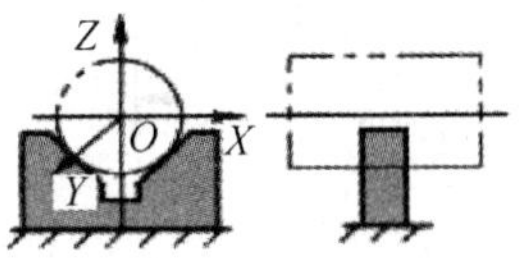	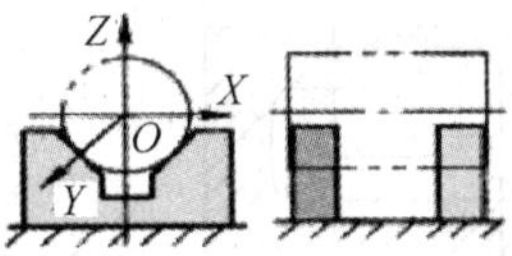	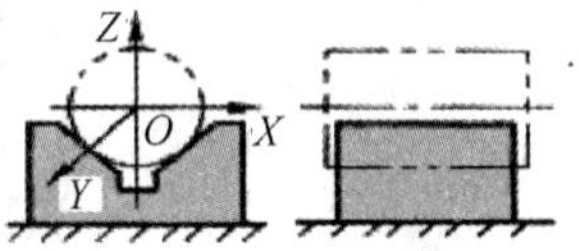
	限制的自由度	$\vec{X}\ \vec{Z}$	$\vec{X}\ \vec{Z}\ \hat{X}\ \hat{Z}$	$\vec{X}\ \vec{Z}\ \hat{X}\ \hat{Z}$
	定位套	一个短定位套	两个短定位套	一个长定位套
		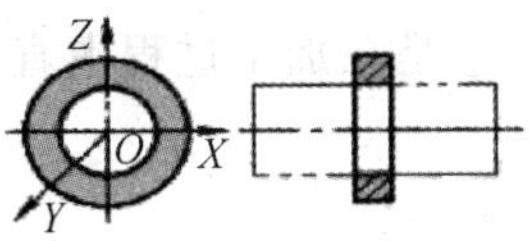	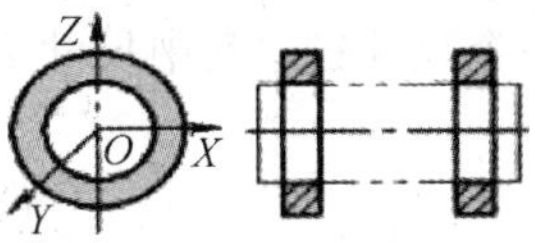	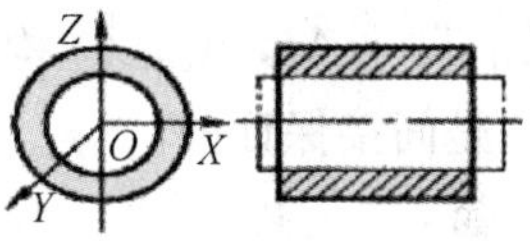
	限制的自由度	$\vec{X}\ \vec{Z}$	$\vec{X}\ \vec{Z}\ \hat{X}\ \hat{Z}$	$\vec{X}\ \vec{Z}\ \hat{X}\ \hat{Z}$
圆锥孔	锥顶尖和锥度心轴	固定顶尖	浮动顶尖	锥度心轴
		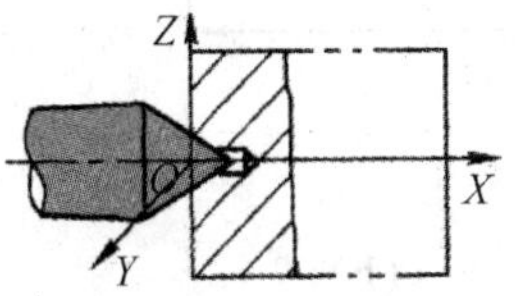	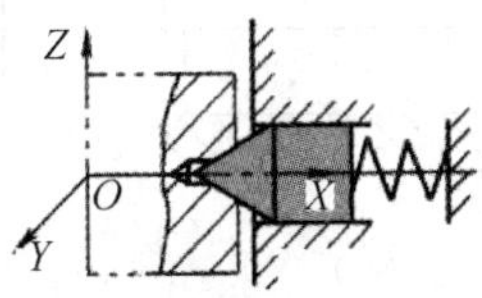	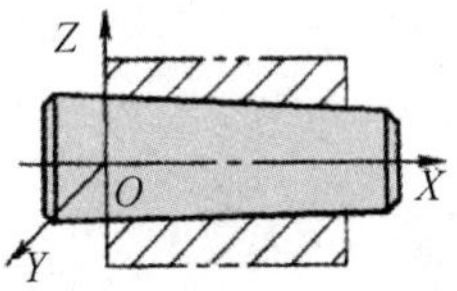
	限制的自由度	$\vec{X}\ \vec{Y}\ \hat{Z}$	$\vec{Y}\ \vec{Z}$	$\vec{X}\ \vec{Y}\ \vec{Z}\ \hat{Y}\ \hat{Z}$

2.4　尺寸链原理

在机械产品设计过程中，设计人员根据某一部件的使用性能，规定其必要的装配精度（技术要求）。这些装配精度，在零件制造和装配过程中是如何经济、可靠地保证的，装配精度与零件制造精度有何关系，零件的尺寸公差和形位公差又是怎样制订出来的，所有这些问题都需要借助于尺寸链原理来解决。

2.4.1　尺寸链的定义及其组成

1. 尺寸链定义及尺寸链图

在机器装配或零件加工过程中，经常会遇到一些相互联系的尺寸组，这些相互联系且按一定顺序排列的封闭尺寸组称为尺寸链。

如图 2.57 所示为某变速箱内齿轮与箱壁的结构，其轴向间隙 A_0 取决于箱体内壁宽 A_1

和齿轮宽 A_2。由 A_0，A_1，A_2 三个尺寸按一定顺序构成封闭的尺寸组，即为尺寸链。

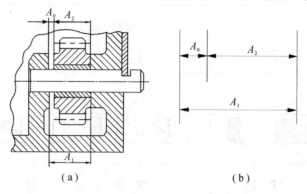

图 2.57　变速箱内齿轮与箱壁的轴向间隙

如图 2.58 所示轴套，依次加工尺寸 A_1，A_2，则尺寸 A_0 随之而定。因此，这三个相互联系的尺寸 A_1，A_2，A_0 构成一个尺寸链，其中尺寸 A_1，A_2 是在加工过程中直接获得的，尺寸 A_0 是间接保证的。

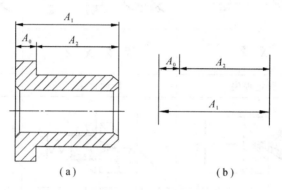

图 2.58　尺寸链图例

由上述可知，尺寸链具有以下三个特征：

(1)具有封闭性，即组成尺寸链的各尺寸是按一定顺序排列的封闭尺寸组；

(2)具有关联性，即尺寸链中存在一个尺寸 A_0，它的大小取决于其他有关尺寸的大小；

(3)尺寸链至少是由三个尺寸（或角度量）构成的。

分析和计算尺寸链时，为简便起见，可以不画零件结构或装配单元的具体结构，只依次画出各个有关尺寸，即将在装配单元或零件上确定的尺寸链独立出来，如图 2.57(b)、图 2.58 (b)所示，这就是尺寸链图。尺寸链图中各个尺寸可以不按比例绘制，但应保持各尺寸原有的连接关系。

2.尺寸链的组成

尺寸链中的每一个尺寸称为尺寸链的环，它可以是长度或角度。有的环是受其他环影响而间接形成的。因而，尺寸链由组成环和封闭环组成。

(1)封闭环——在零件加工或装配过程中间接获得或最后形成的尺寸。由于这个尺寸是间接保证的，所以在一个尺寸链中只有一个封闭环。

(2)组成环——尺寸链中对封闭环有影响的全部环。这些环中任意一环的变动必然引起封闭环的变动，如图 2.57 和图 2.58 中的 A_1，A_2。

根据组成环对封闭环的影响,组成环又可分为增环和减环。

1)增环——在尺寸链中,当其余各环不变时,若该环的变动引起封闭环的同向变动,则该环为增环。如图 2.57 和图 2.58 中的 A_1。

2)减环——在尺寸链中,当其余各环不变时,若该环的变动引起封闭环的反向变动,则该环为减环。如图 2.57 和图 2.58 中的 A_2。

计算尺寸链时,首先应确定封闭环和组成环,并判别增、减环。判别增、减环,多采用回路法。回路法是根据尺寸链的封闭性和尺寸的顺序性判别增、减环的。在尺寸链图上,首先对封闭环尺寸任意确定一个方向,用单向箭头表示,然后沿箭头方向环绕尺寸链回路画箭头。凡与封闭箭头方向相反的组成环为增环,与封闭环箭头方向相同的组成环为减环。

3.尺寸链的分类

按尺寸链的应用范围,可将尺寸链分为以下几种。

(1)工艺尺寸链——全部组成环为同一零件工艺尺寸所形成的尺寸链。

(2)装配尺寸链——全部组成环为不同零件设计尺寸所形成的尺寸链。

(3)零件尺寸链——全部组成环为同一零件设计尺寸所形成的尺寸链。

2.4.2　直线尺寸链的基本计算公式

要正确地进行尺寸链的分析计算,首先应查明组成尺寸链的各个环,并建立尺寸链。建立尺寸链可利用尺寸链的封闭性规律。

对于工艺尺寸链来讲,建立尺寸链时,首先将间接获得的尺寸确定为封闭环,再从封闭环一端开始,顺序地画出有关的工序尺寸到封闭环的另一端,这样形成的封闭尺寸组,就是影响封闭环的尺寸链。

对于装配尺寸链来讲,首先要将需要间接保证的装配精度确定为封闭环,从封闭环一端开始,根据装配图上的装配关系顺序地画出有关的结构尺寸到封闭环的另一端,这样形成的封闭尺寸组,就是影响装配精度的装配尺寸链。

尺寸链的计算方法有极值法和概率法两种,这里只介绍极值法。

极值法是按组成环尺寸均为极限尺寸的条件,计算封闭环极限尺寸的一种方法。

1.封闭环的基本尺寸

封闭环的基本尺寸等于所有增环基本尺寸之和减去所有减环基本尺寸之和,即

$$A_0 = \sum_{i=1}^{m} \overrightarrow{A}_i - \sum_{i=m+1}^{n-1} \overleftarrow{A}_i \qquad (2-17)$$

式中,m ——增环环数;

n ——尺寸链总环数(包括封闭环)。

2.封闭环的极限尺寸

极限尺寸的计算公式为

$$A_{0max} = \sum_{i=1}^{m} \overrightarrow{A}_{imax} - \sum_{i=m+1}^{n-1} \overleftarrow{A}_{imin} \qquad (2-18)$$

$$A_{0min} = \sum_{i=1}^{m} \overrightarrow{A}_{imin} - \sum_{i=m+1}^{n-1} \overleftarrow{A}_{imax} \qquad (2-19)$$

即封闭环的最大极限尺寸等于所有增环最大极限尺寸之和减去所有减环最小极限尺寸之

和；封闭环的最小极限尺寸等于所有增环最小极限尺寸之和减去所有减环最大极限尺寸之和。

3.封闭环的极限偏差

封闭环的极限偏差的计算公式为

$$ES(A_0) = \sum_{i=1}^{m} ES(\vec{A_i}) - \sum_{i=m+1}^{n-1} EI(\overleftarrow{A_i}) \qquad (2-20)$$

$$EI(A_0) = \sum_{i=1}^{m} EI(\vec{A_i}) - \sum_{i=m+1}^{n-1} ES(\overleftarrow{A_i}) \qquad (2-21)$$

即封闭环的上偏差等于所有增环上偏差之和减去所有减环下偏差之和；封闭环的下偏差等于所有增环的下偏差之和减去所有减环的上偏差之和。

4.封闭环的公差

封闭环的公差计算公式为

$$T_0 = ES(A_0) - EI(A_0) = \sum_{i=1}^{n-1} T_i \qquad (2-22)$$

即封闭环的公差等于所有组成环公差之和。从式(2-22)可以看出，尺寸链中所有组成环的公差以算术和的形式累积到封闭环上，为了减小封闭环的公差或者在保持封闭环公差不变的情况下，增大组成环的公差，应尽量减少组成环的环数，称为尺寸链最短原则。

2.4.3　尺寸链在工艺过程中的应用

1.测量基准与设计基准不重合时工艺尺寸链的计算

如图2.59(a)所示的套筒零件设计尺寸$50_{-0.17}$、$10_{-0.36}$，加工时由于$10_{-0.36}$不好测量，而改为测量A_2，从而间接确定$10_{-0.36}$，为求得大孔的深度尺寸，需要按尺寸链的计算步骤进行计算，其尺寸链图如图2.59(b)所示。

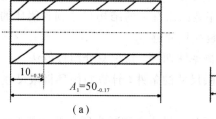

图2.59　测量尺寸链

由图2.59(b)可知，A_1是增环，A_2为减环，利用尺寸链的计算公式可得：

$A_2 = A_1 - A_0 = 40 \ \text{mm}$；

$ES(A_0) = ES(A_z) - EI(A_j)$；

$EI(A_0) = EI(A_z) - ES(A_j)$；

$EI(A_2) = ES(A_1) - ES(A_0) = 0 \ \text{mm}$；

$ES(A_2) = EI(A_1) - EI(A_0) = 0.19 \ \text{mm}$。

换算后：$A_2 = 40_0^{+0.19} \ \text{mm}$。

只要实测结果在A_2的公差范围内，设计尺寸$10_{-0.36} \ \text{mm}$就一定能得到保证。

2.工序基准与设计基准不重合时工艺尺寸链的计算

如图2.60(a)所示为某零件高度方向的设计尺寸，图2.60(b)为其相应的尺寸链图。生产中按大批量生产,采用调整法加工 A 面、B 面、C 面。A,B 面在上工序中已经加工,且保证了尺寸$50^{0}_{-0.016}$(mm)的要求。本工序以 A 面为工序基准(也为定位基准)加工 C 面,因为 C 面的设计基准是 B 面,工序基准与设计基准不重合,所以需要进行尺寸换算。

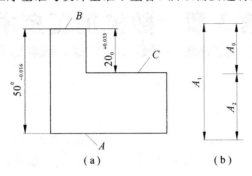

图 2.60　工序基准与设计基准不重合的尺寸换算

在这个尺寸链中,因为调整法加工直接保证的尺寸为 A_2,间接保证的尺寸为 A_0,所以在尺寸链中,A_0 是封闭环,A_1 是增环,A_2 为减环,由尺寸链的计算公式可得:$A_2 = 30^{-0.016}_{-0.033}$ mm。加工时,只要保证 A_1 和 A_2 尺寸都在各自的公差范围内,就一定能保证 $A_0 = 20^{+0.033}_{0}$ mm。

第3章 数控加工技术

"数控"是数字控制（Numerical Control，NC）的简称，即用数字化信息对机床运动及其加工过程进行控制的一种方法。数控加工（NC Machining）是根据零件图样及工艺要求等原始条件编制零件数控程序（NC Program，是指输入数控机床，执行一个确定加工任务的一系列指令的集合），并输入数控系统，控制刀具与工件的相对运动，完成零件加工过程。编制、生成零件数控程序的过程称之为数控编程（NC Programming）。

数控加工技术是为了解决单件、小批量，特别是高精度、复杂型面零件加工的自动化要求而产生的，它在传统的机械加工技术上，以数控机床为执行平台，综合了传统的机械加工技术、自动控制技术、计算机软件技术以及数字化、集成化制造理念而形成的现代化制造技术。数控加工技术领域宽广，内容丰富，从技术环境上涉及工件材料、加工设备、加工工艺、刀具以及应用软件（如 CAD/CAM 等）；从运行管理上，涉及生产组织、运行体系、资源管理及人员等。数控加工技术同传统的机械加工技术一样，涉及车、铣、磨、刨等不同的加工工艺，对于航空产品来说，产品类型多、数控程序复杂、加工难度高、工作量大及占用周期长的加工方式首先是数控铣削加工，其次为车削加工。

数控加工技术是航空产品制造过程的主要技术手段之一，主要应用在飞机机体零件、航空发动机零件、机载设备零件及飞机工装零件部件的切削加工过程。航空数控加工技术是伴随着自动化控制技术、数控机床和计算机技术的发展而发展起来的，该技术从飞机结构件机械加工应用和工艺研究开始，结合计算机软件和硬件技术应用，逐步进入到柔性制造、数字化制造领域，应用范围逐渐扩大。

3.1 数控加工零件基本过程及基础技术

3.1.1 数控加工零件基本过程

如图 3.1 所示，数控机床加工零件的基本过程为根据待加工零件的设计图样（或设计模型）及制造要求，进行零件加工工艺设计，形成加工工艺规程；根据被加工零件几何信息和工艺规程要求，按规定的代码和程序格式编写数控程序，并制作数控程序存储介质；根据加工工艺进行数控程序仿真检查或程序试切，确认数控程序的正确性；工件安装找正，进行工件的定位装夹及工艺基准建立；将经过验证的一个或一组数控程序输入到数控系统中，根据加工工艺规程调用数控程序，控制系统根据程序指令，进行运算和控制处理，并将处理结果以脉冲信号形式送往机床伺服系统，以驱动机床的运动部件，按规定的加工顺序、速度和进给量进行加工，加工出合格的零件。

3.1.2　航空数控加工的特点

现代航空产品的性能要求越来越高,要求产品具有结构重量轻、使用寿命长、可靠性高和维修使用成本低等特性,军机还要具有隐身、高机动性等特殊要求,这些性能要求的变化使得现代航空产品设计不断采用新式布局、新型结构和新型材料体系。飞机机身构件从传统的铆接式结构逐步发展为大型整体结构,航空发动机的压气机也从传统的组装结构发展成为整体叶盘结构,切削加工在航空产品制造中所占的比例日益增加;此外,钣金零件、复合材料构件制造以及航空产品装配过程所需要的模具、标准样件和工装等也需要采用数控加工才能完成。据资料分析和典型飞机制造过程的粗略统计,在飞机的制造过程中,整体结构数控加工的工作量已占整个飞机制造工作量的 40% 以上。

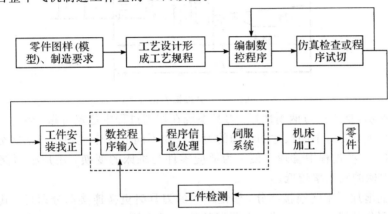

图 3.1　数控机床加工零件的基本过程

现代航空产品所使用的材料体系近年来也发生了很大变化,传统的铝合金、高强度钢等使用比例逐渐降低,钛合金、复合材料等使用比例逐步增加,数控加工所面对的材料对象也正在逐步发展变化。

同普通机械行业相比,航空产品的数控加工有以下特点。

(1)零件种类繁多,规格变化大,零件形状与结构复杂,导致数控设备类型多、加工难度大以及周期长。

(2)零件毛坯形式多样,包括板材、铸件和锻件等,材料去除量大,要求加工效率高、尺寸稳定性好。

(3)一些关键及重要件协调关系复杂,精度要求高。

(4)零件材料种类多、强度高,除传统的铝合金、高强度钢外,更多地采用高强度铝合金、高温合金、不锈钢和钛合金等难加工材料,对于材料去除过程、选择的切削刀具、使用的工艺参数甚至切削液、冷却方式等都有很高的要求。现代飞机结构上复合材料使用的比例逐步增加,切削加工面临着新的技术挑战。

(5)生产组织难度大,人员素质要求高。

3.1.3　数控加工工具系统

数控加工工具系统包括刀柄、刀具两大类,按不同的分类标准有不同的分类形式。

(1)按照刀柄的结构,可分为整体式和模块式两大类。

整体式刀柄其装夹刀具的工作部分与它在机床上安装定位用的柄部是一体的。整体式刀柄有两种形式，一种是刀具体与刀柄为一体采用机夹式刀片，如图 3.2 所示，刀片直接安装在刀体上的刀片安装槽中；另一种是刀柄上具有不同的刀具安装孔径（莫氏锥、圆柱），如图 3.3 所示。

图 3.2　机夹式刀片

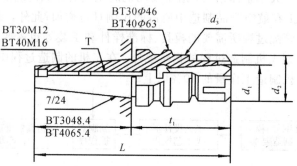

图 3.3　莫氏锥刀柄

如图 3.4 所示，整体式刀柄刚性好，刀具系统在切削过程中稳定可靠，但对机床与零件的变换适应能力较差，需对不同尺寸和结构的刀具以及不同的机床主轴接口形式分别配备，其规格、品种繁多，生产过程中管理不便。为适应零件与机床的变换，用户必须储备各种规格的刀柄，因此刀柄的利用率较低。

模块式刀柄增加了中间连接部分，装配不同的刀具时更换连接部分即可，其每把刀柄都可通过各种系列化的模块组装而成，克服了整体式刀柄的缺点，但对连接精度、刚性强度等都有很高的要求。

图 3.4　整体式刀柄

刀柄结构形式的选择应兼顾技术先进与经济合理：①对一些长期反复使用、不需要拼装的简单刀具以配备整体式刀柄为宜，使工具刚性好，价格便宜（如加工零件外轮廓用的立铣刀刀柄、弹簧夹头刀柄及钻夹头刀柄等）；②在加工孔径、孔深经常变化的多品种、小批量零件时，宜选用模块式刀柄，以取代大量整体式镗刀柄，降低加工成本；③对数控机床较多尤其是机床主轴端部、换刀机械手各不相同时，宜选用模块式刀柄。由于各机床所用的中间模块（接杆）和工作模块（装刀模块）都可通用，可大大减少设备投资，提高工具的利用率。

（2）按刀柄与主轴连接方式，可分为单面定位结构和双面定位结构两大类。

单面定位结构中，刀柄以锥面与机床主轴孔配合，端面有 2 mm 左右间隙，绝大数采用符合 ISO297 标准规定的 7：24 锥柄结构。这种定位结构精度低、刚性较差，适用的主轴转速在 10 000 r/min 以下，不适合高速切削。

双面定位结构中，刀柄以锥面、端面与机床主轴孔内锥面、端面配合，这种结构具有很好的动态连接刚度和较好的重复定位精度，适合高速、高精度加工过程。

（3）按刀具夹紧方式，可分为侧固式结构、弹性夹紧式结构、液压夹紧式结构和冷缩夹紧式结构四大类，如图 3.5 所示。

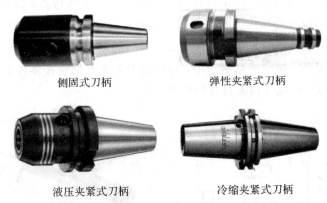

侧固式刀柄　　　　　　　　　　　　弹性夹紧式刀柄

液压夹紧式刀柄　　　　　　　　　　冷缩夹紧式刀柄

图 3.5　不同夹紧形式刀柄

侧固式结构在刀柄侧面设计有紧固螺钉，刀具柄部侧面设计有斜平面，装配时采用侧向夹紧，适用于切削力大的加工场合，但每种规格的刀具都需对应配备相应规格的刀柄，规格较多，不易管理。

弹性夹头结构在数控加工中适用较多，采用 ER 型弹性夹头，适用于夹持 20 mm 以下直径的铣刀进行铣削加工。

液压夹紧式结构利用液压原理夹紧刀具，可提供较大夹紧力，刀柄成本较高。

冷缩夹紧式结构利用热胀冷缩原理夹紧刀具，装刀时对夹持部位进行加热，装入刀具后冷却，夹持部位收缩夹紧刀具，使刀具和刀柄合二为一，刀具系统稳定可靠。使用这种结构的刀柄需要配备专用的刀柄加热装置。

（4）按切削工艺，可分为车削刀具、钻削刀具、镗削刀具和铣削刀具四大类。

车削刀具分为外圆车刀、内孔车刀、螺纹车刀和切割刀等多种；钻削刀具包括钻头、铰刀和丝锥等；铣削刀具可分为盘铣刀、平底立铣刀、球头刀、锥型刀、桶状刀和特型刀等。

（5）按切削刃状态，可分为整体式、焊接式和机夹式三大类，其中机夹式又可分为不转位和可转位两种。

3.1.4　数控加工夹具技术

1. 数控加工夹具类型

夹具是工艺系统的主要组成部分之一，它直接影响到零件的加工质量、生产效率和制造成本。

普通数控夹具分为通用夹具、专用夹具、组合夹具和相变式夹具等。

(1)通用夹具。通用夹具主要是各种精度的虎钳以及压板、等高块等组件。虎钳通常用于小型零件的装夹，压板、等高块等组件通常与机床工作台配合实现大、中型零件的装夹。

通用夹具主要用于单件小批量生产。利用这类夹具装夹工件时，找正时间长，生产效率低下，尤其是在装夹形状复杂或加工精度要求高的零件，找正更费时、工作量更大。对于大批量生产方式，利用通用夹具装夹工件是不经济的。

(2)专用夹具。专用夹具适用于大批量生产方式，是针对每种零件的某一工序而专门设计制造的专用工艺装备。如图3.6所示为空客某机型零件，零件的材料为 T - A6V(退火)ASNA3304，也就是通常所说的 TC4 材料(钛合金)。根据零件特点，设计制造了专用钻夹，以保证加工零件的形位公差精度。专用夹具可以设计得结构紧凑、操作方便，也可以带有各种省力机构及动力装置。同时，专用夹具上采用专门的定位压紧结构，可以保证较高的定位精度和较高的装夹效率。航空产品制造中，使用的专用夹具通常按零件类型划分，如缘条铣切夹具、合叶铣切夹具、框段铣切夹具及叶片夹具等。

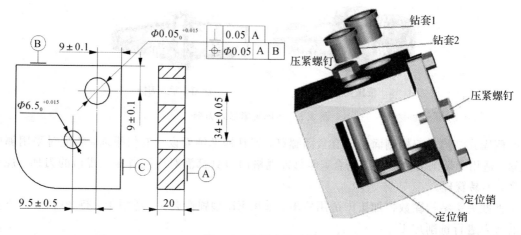

图 3.6　专用夹具示例

专用夹具设计制造周期较长，容易影响新产品的研制周期。当产品变更时，专用夹具往往无法再重复使用而闲置。

随着技术的进步和生产的发展，多品种、小批量生产方式日益普遍，为适应这些生产方式的变化，针对专用夹具的缺陷逐步发展起一类新型夹具——可调整夹具，在一定范围内可以适应不同类型、不同规格的工件加工需求。简单的可调整夹具只需调整原来夹具上个别夹具元件便可使用；复杂的可调整夹具采用机电及计算机控制，适应不同规格、不同结构工件的加工需求。

(3)组合夹具。组合夹具是由一套系列化、标准化的夹具元件，根据不同工件的加工要求组装而成的夹具。夹具使用完毕可将组成夹具的元件拆开、清洗并保存，以备再次组装重复使用。同专用夹具相比，使用方便、综合成本低，但组合夹具结构和体积较大、刚性较差。

组合夹具分为槽系和孔系两种系统。槽系组合夹具通过基础板上相互平行和垂直的 T

形槽实现对工件的准确定位和夹具元件之间的组合连接;而孔系组合夹具主要是通过基础板上的定位孔实现对夹具元件的精确定位和连接。

(4)相变式夹具。相变式夹具是利用材料的物理性质,通过热效应或电磁感应,使材料从液相到固相、再变回液相的过程实现对工件的定位装夹。如图 3.7 所示,相变式夹具通常都带有一个充满相变材料的容腔,当相变材料为液相时将工件埋入液体中,然后改变条件(如温度)时相变材料由液相变为固相,将工件装夹并固定,然后进行加工。加工结束后,再将相变材料恢复成液相,取出工件。

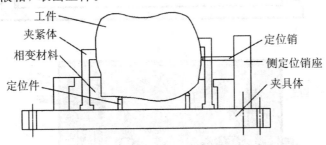

图 3.7　相变夹具示例

相变材料有铋基低熔点合金、聚丙烯腈类高分子聚合物等,相变机制必须易于控制,并对工件和人体无害。

2. 真空夹具

现在飞机在飞行速度、舒适性和可靠性等方面不断提升,机体结构件的形式也逐步整体化、大型化和轻量化。平板型、大面积和薄壁型结构件在切削加工中所占的比例越来越大,这些零件包括飞机整体壁板、整体翼肋、整体大梁以及蜂窝芯等,常规的普通夹具难以有效地对这类零件进行装夹,生产中一般需要使用真空夹具。

真空夹具是利用大气压强与真空腔内残留空气的压强之差在足够的真空面积产生足够夹紧力的原理进行工作的,通常用在数控铣床上,加工飞机整体壁板、整体翼肋、整体大梁以及蜂窝芯等面积大、壁厚小的铝合金零件。

如图 3.8 所示,真空夹具系统由夹具体、真空泵、真空罐、真空表、过滤器、管路及真空控制附件组成。真空泵是由电机和气泵组成的成品件,用来提供真空动力,其指标以抽气速率表示;真空罐是密闭的薄壁容器,用来存储真空势能(负压),稳定工作真空度,保持正常的真空状态;真空表用来观察真空度实际值及真空度变化情况;过滤器的作用是滤净空气,除去空气中微粒、灰尘等杂质及部分水分,以免损坏真空泵。

夹具体通常用钢板焊接、铸铝和厚铝板等制造,通用真空夹具体分为组合式与单体式两种。组合式夹具体通常占满整个机床工作台面,用于大型工件;单体式夹具体适用于中小型工件的制造。夹具体定位面上,除开有密封槽外,还有通气槽、通气孔。工件与夹具体间的密封方式有自由密封(工件与夹具之间无密封材料,靠彼此紧密贴合实现密封)、涂覆密封(工件周边与夹具接缝处涂密封胶泥或用胶带覆盖接缝)和密封条密封(在夹具体上距工件外缘3～10 mm 内开安放密封条的槽,使用时放海绵橡胶密封条)。

真空系统的可靠性是真空夹具的关键性指标,用有效夹紧力来表示。有效夹紧力等于有效真空压力减去密封条反弹力，可通过真空腔与环境压强差、有效真空面积、密封反弹力和密封系数等因素计算得到。夹具使用时，在充分压缩密封条的条件下必须保持工件与夹具定位面之间均匀贴合，以保证加工厚度尺寸，避免工件弹性变形，并能克服水平切削分力可能产生的工件位移。

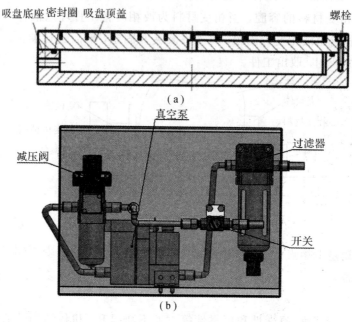

图 3.8　真空夹具示例

(a)夹具体；(b)真空控制器

真空夹具经抽真空试验合格后方可投入使用。试验要求能达到 0.087～0.1 MPa 真空度，保持 30～60 min，真空度下降不低于 0.071 MPa。当被试夹具不能达到真空度指标时，必须查明漏气原因及部位，排除故障，达到指标要求后方可交付使用。

3. 自动化及柔性夹具

在中小批量定型生产、自动化生产线以及柔性生产线中，工件的加工以批量流水型生产方式或成组生产方式进行，采用托盘化的随行夹具或专用夹具采用液压、气动及电子等方式控制定位、压紧。

托盘化的随行夹具主要通过物流传送系统（运输车、传送带和托盘交换站等）在不同工作地之间传送，采用机械定位方式（定位销、限位块和定位面等）实现不同工位的交换、定位，而工件在随行夹具上的装夹状态一般保持不变。

液压/气动夹具是一种专用夹具，针对具体工件设计出定位、压紧位置，采用液压/气动元件实现工件的装夹，夹紧可靠且自动化程度高，并且可以通过控制系统实现某个压紧点在加工过程中的松开、避让和再压紧，便于工件轮廓的连续加工。

近年来，人们开发出了具有综合控制能力的柔性夹具系统，其基本思想是以点阵形式对工件形成定位支撑（见图 3.9），用真空和机械方式实现对工件的固定与夹紧。每个点可单独控制实现空间直角坐标系下三个直线坐标方向的移动，形成的点阵可以是各种形式的曲面，在一定范围内可以实现多种结构形式工件的定位装夹，特别适合于大型工件的加工。

图 3.9　美国 CAN 柔性夹具工作系统

3.2　数控加工工艺技术

数控加工工艺与通用机床机械加工工艺有许多相同之处,同样要考虑毛坯余量分配、定位装夹方案、粗精加工工序安排、刀具及切削参数选择的工艺要素,对于数控加工来说,与通用加工不同的是需要将刀具参数及切削参数、刀具运动轨迹和零件结构的加工顺序等编入数控程序中,以控制机床的运动过程(位移量、进给速度和主轴转速等),实现零件的加工。数控机床可以实现复杂刀具运动轨迹的控制,因而可以完成复杂零件的切削加工。通常,数控机床加工零件比通用机床加工零件的工艺规程要复杂,工艺参数需要以数值的形式精确表达,要求数控加工工艺人员具有机械加工、计算机软件和数值计算等多方面的基础知识。

3.2.1　工艺设计

1. 工艺路线安排

工艺人员接受零件加工任务后,首先需要进行工艺分析,包括分析零件的结构特点、明确加工要求以及确定零件的基本工艺方案。工艺分析工作是数控程序设计中必不可少的准备工作,在工艺分析的基础上,确定零件的加工工艺过程,确定每个工序的具体加工方式、刀具运动路线、所用刀具和切削用量等,在此基础上完成零件的数控加工程序设计。

数控加工工艺路线的设计遵循一般的机加工设计原则,一般加工顺序是基准加工—粗加工—半精加工—精加工—其他处理。在设计加工路线时,要根据零件毛坯情况考虑控制可能产生的加工变形,根据零件结构及技术条件要求,考虑检验工序的安排、热处理工序安排顺序及工序位置。在设计工艺路线时,还要注意减少专用刀具的类型、减少零件的装夹次数以及减少转工路线等。如图 3.10 所示为数控加工典型工艺路线。

基准加工主要是加工定位装夹方案确定的基准面或基准孔,对基准部位的加工精度要求根据零件精度确定。过高的精度要求会影响零件的加工效率,延长零件的制造周期。

粗加工阶段以去除毛坯余量为主要目标,并要特别考虑控制因材料去除可能带来的零件的变形。安排粗加工工序时,要注意给后续工序留有合适的加工余量,并使用刚性较好的刀具,选择功率较大的设备。

半精加工阶段主要以保证加工余量均匀为目标,特别是在多坐标加工时,先去除多坐标加工部位的余量,使精加工余量均匀。若零件结构比较简单且不易产生加工变形,可以省略半精加工工序而直接进入精加工。安排半精加工工序时，刀具的选择应结合零件结构形式具体确定。

精加工阶段以保证零件形状、加工精度为主要目标，并要特别注意刀具的选择、加工部位的排序。精加工工序的刀具的选择与零件结构形式有关，要注意考虑零件转角部位、表面的设计要求。精加工阶段要注意加工部位的排序，以控制可能产生的加工变形。

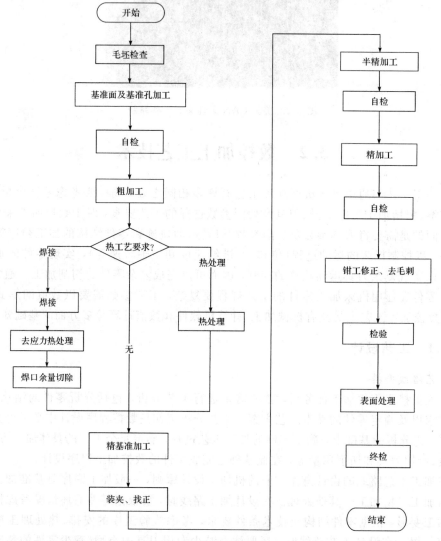

图 3.10　数控加工典型工艺路线

2.数控加工中的定位装夹

数控加工过程的定位原理与普通加工工艺并无本质区别，仍然遵循六点定位原理，主要定位方式有三面定位、两面一孔定位、两孔一面定位和平面-圆柱面定位等，通常根据零件结构不同而采用不同的定位方式。零件的装夹方式与零件的具体结构有关，通常有以下几种方式：机械装夹、真空吸附和介质连接。

工件在加工过程中的定位装夹与毛坯形式有直接关系。工件的毛坯通常以铸件、自由锻件、模锻件、板材、型材和棒料等形式提供。不同的毛坯形式直接影响零件的定位装夹方案，特别是铣削加工，由于毛坯形式的多样性，定位装夹方式的选择显得比较复杂。

铸件、自由锻件和模锻件毛坯形式多样，特别是批量生产中通常要考虑设计专用夹具，其定位装夹方案一般比较复杂，例如，在大型结构复杂零件数控加工中绝大多数都需要一套或几套夹具才能满足加工过程中的定位装夹以及加工周期要求，压紧部位则在零件体或专门设计的工艺凸台上。

板材类毛坯一般不需要复杂的夹具，通常设计平板型的垫板型夹具即可满足数控加工要求。通常选择两孔一面定位方式，并设计工艺凸台，压紧部位一般选择在工艺凸台上。

数控夹具设计一般尽量考虑通用夹具或组合夹具元件，夹具结构也应尽量简单、标准化，以适应数控加工的特点。

3. 切削刀具的选择

切削刀具的选择与被加工材料、零件的结构和加工部位密切相关，也与切削加工方式有关。从加工方式上看，数控加工可分为车削、铣削和钻削，对应的刀具类别为车削刀具、铣削刀具和钻削刀具，以适合于不同类型的加工设备，每种类型的刀具又分为不同的形式，表3.1为常用的刀具类型。

表 3.1　常用刀具类型

刀具分类	常用刀具
车削刀具	外圆车刀、切断刀、镗刀
铣削刀具	盘铣刀、立铣刀、锥铣刀、球头铣刀、三面刃铣刀、镗刀
钻削刀具	中心钻

在每类刀具中，决定选择类型的首要因素是被加工零件的材料，其次是零件的结构和加工部位。在不同的加工状态下，对刀具的选择和使用一般也有不同的要求，特别是铣削加工，刀具种类繁多，不同的加工阶段、不同的加工部位对所使用的刀具形式有着各种各样的要求。表3.2给出了不同的加工阶段推荐采用的刀具形式，表3.3给出了加工不同结构时应选择的刀具类型。

表 3.2　铣削加工中不同加工阶段推荐采用的刀具形式

加工阶段	采用的刀具形式	推荐采用的刀具结构
去表层氧化皮	盘铣刀、立铣刀	镶齿
粗加工	盘铣刀、立铣刀	镶齿
半精加工	立铣刀	镶齿、整体
精加工	立铣刀	整体

表 3.3　铣削加工中不同加工结构推荐采用的刀具类型

被加工结构	可采用的刀具类型	推荐采用的刀具类型
平面	盘铣刀、立铣刀	镶齿
槽腔	立铣刀	镶齿、整体
曲面	立铣刀、球头铣刀	镶齿、整体
轮廓	立铣刀	整体
过渡圆角	球头铣刀	镶齿、整体

3.2.2 高速铣削工艺

1. 高速切削技术

高速切削（High Speed Machining）加工技术是指采用超硬材料的刀具，通过极大地提高切削速度和进给速度来提高材料切除率、加工精度和加工质量的现代加工技术。

高速切削与普通铣削的主要区别在于切削速度、进给速度及主轴的转速等。通常情况下，高速铣削时进给速度比普通铣削高 5～10 倍，目前实际应用可达到 15～70 m/min；主轴转速高 5～10 倍，目前实际应用可达到 15 000～40 000 r/min。

高速切削加工中的"高速"是一个相对概念，它与切削方式、工件材料、切削力和过程稳定性这四个方面因素有关，目前沿用的高速切削加工定义主要有以下几种。

（1）以线速度 500～7 000 m/min 的切削速度加工为高速切削加工（1978 年，CIRP 切削委员会）。

（2）对铣削加工而言，主轴转速高于 8 000 r/min 为高速切削加工（ISO 1940 标准）。

（3）高于 5～10 倍的普通切削速度的切削加工为高速切削加工（德国达姆施塔特（Darmstadt）工业大学生产工程与机床研究所（PTW））。

（4）DN 值（主轴轴承孔直径 D 与主轴最大转速 N 的乘积）达到 $5 \times 10^5 \sim 2 \times 10^8$ mm·(r/min)时为高速切削加工（主轴设计观点）。

由于不同的加工工序、不同的工件材料有不同的切削速度范围，因而很难就高速切削的速度范围给定某一确定的数值，如图 3.11 所示为几种材料高速切削的速度范围。高速切削加工应用最广泛的是铝合金材料零件，生产现场常用切削线速度已达到 1 000～4 000 m/min，淬硬钢（45～65HRC）切削线速度为 100～500 m/min；难加工材料（如不绣钢、高温合金和钛合金等）零件的高速切削加工目前更多地处于试验研究中，在生产实际中的应用尚不普遍，主要是受制于切削刀具性能及成本限制。虽然高速切削加工技术已经在实际生产中开始应用，但人们对于高速切削机理的认识仍处于发展和完善中，在有关高速切削机理、高速切削工艺、高速机床以及高速切削刀具方面人们仍然持续不断的进行着更为深入的研究与开发工作。

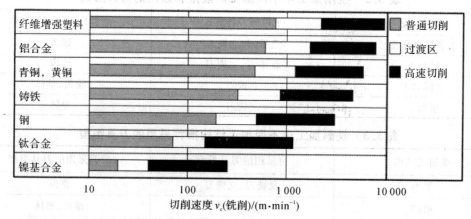

图 3.11　几种材料高速切削的速度范围

高速铣削一般采用高的铣削速度，适当的进给量，小的径向和轴向铣削深度。铣削时，大量的铣削热被切屑带走，因此，工件表面温度较低。随着铣削速度的提高，铣削力略有下降，表面质量提高，加工生产率随之增加，但随着铣削速度的提高会加剧刀具的磨损。由于主轴转速很高，切削液难以注入加工区，通常采用高压油雾冷却或水雾冷却的方法，或者采用干切削方式。如图 3.12 所示表示了铣削速度对加工过程的影响。

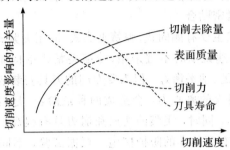

图 3.12　铣削速度对加工过程的影响

2.高速铣削工艺应用基础

高速铣削技术涉及刀具、工艺、冷却润滑、安全与监控、数控程序设计以及高速机床、数控系统等多方面的技术领域。

(1)高速铣削刀具。高速铣削刀具必须具备可靠的安全性与高的耐用度。安全性必须考虑刀具强度、刀具夹持、刀片压紧、刀具动平衡；耐用度与刀具材料、刀具结构与几何参数、切削用量、走刀方式、冷却条件、刀具工件材料匹配性等有关因素。

高速切削刀具材料主要有硬质合金、涂层材料、金属陶瓷、陶瓷、立方氮化硼(CBN)和金刚石刀具。

如图 3.13 所示列出了几种典型高速铣削刀具，分为整体式和机夹式两类。小直径铣刀一般采用整体式结构，大直径铣刀采用机夹式结构。高转速机床对刀具直径有一定限制，整体式高速铣刀在出厂时经过动平衡检验，使用时比较方便，而机夹式结构的刀具需要在每次装夹刀片后进行动平衡检验，所以整体式比较常用。机床在转速比较低、能提供较大扭矩时可采用机夹式铣刀。

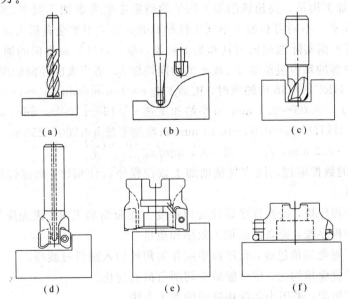

图 3.13　典型的高速铣削刀具

(a)整体硬质合金立铣刀；(b) 整体硬质合金曲面铣刀；(c) 整体硬质合金键槽铣刀；
(d)机夹式长柄铣刀；(e)机夹式短柄铣刀；(f) 机夹式铣刀

当机床主轴转速达到 15 000 r/min 时，通常需要采用 HSK 刀柄，或其他种类的短柄刀柄。HSK 刀柄为过定位结构，提供与机床的标准连接，在机床主轴内部拉紧机构作用下，保证刀柄短柄和断面与机床紧密贴合。

铣刀柄夹紧刀具的方式主要有侧固式、弹簧夹头式、液压夹紧式和冷缩夹紧式等。侧固式难以保证刀具动平衡，在高速铣削时不宜采用；冷缩夹紧式结构简单，夹紧可靠、同心度高，传递扭矩和径向力大、刚度足、动平衡好，但需要专门的刀具安装装置。

高转速情况下会产生很大的离心力，会造成两种危险：一是刀具柄部夹紧力会下降，二是大直径刀具可能会被破坏，同时，飞溅的切屑和崩刃具有很高的动能，都可能会造成人身伤害，因此，工艺系统必须有高标准的防护措施。根据试验，不同直径的刀具对应一个破坏转速，在一定转速范围，使用刀具的最大直径受到安全性的限制，如图 3.14 所示。

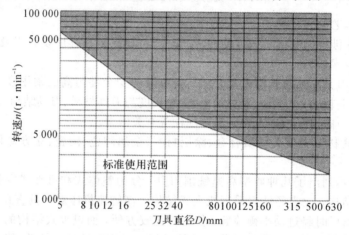

图 3.14　高速旋转刀具安全性要求（DIN6586 - 1）

（2）高速铣削加工用量。高速铣削加工用量的确定主要考虑加工效率、加工表面质量、刀具磨损以及加工成本。不同刀具加工不同工件材料时，加工用量会有很大差异，目前尚无完整的加工数据，可根据实际选用的刀具和加工对象，参考刀具厂商提供的加工用量选择。一般的选择原则是中等的每齿进给量 f_z、较小的轴向切深 a_p、适当大的径向切深 a_e、高的切削速度 v。例如，加工 HRC48～58 淬硬钢时，粗加工选 $v=100$ m/min，$a_p=(6\%～8\%)D$，$a_e=(35\%～40\%)D$，$f_z=0.05～0.1$ mm/z；半精加工选 $v=150～200$ m/min，$a_p=(3\%～4\%)D$，$a_e=(20\%～40\%)D$，$f_z=0.05～0.15$ mm/z；精加工选 $v=200～250$ m/min，$a_p=0.1～0.2$ mm，$a_e=0.1～0.2$ mm，$f_z=0.02～0.2$ mm/z。

（3）高速铣削的数控编程。同常规铣削加工数控程序设计相比，高速铣削的数控编程应特别考虑以下几点。

1）尽可能减少程序块，提高程序设计处理速度。在曲面加工时，优先应用 NURBS 曲面插补法可显著减少程序段，提高曲面加工效率和质量。

2）切削轨迹中避免尖角过渡，程序段中应在尖角处加入圆弧过渡段。

3）加工余量尽量保持均匀，尽可能减少切削负荷的变化。

4）多采用分层切削，采用小切深快进给的加工方法。

5）优先选用顺铣方式，顺铣方式具有较高的刀具寿命和表面质量。

6）切入和切出尽量采用切向进刀。刀具进入材料尽可能采用连续的螺旋和圆弧轨迹进行铣削，以保证恒定的切削条件。

7）精加工时拐角等曲率变化大和加工余量变化较大的部分要预先处理，使之留下与其他部分相同或相近的余量。

8）粗加工要重视形状的准确性，而不是简单地去除材料，保证后续工序加工余量均匀。

3.3　数控加工编程技术

使用数控机床加工零件，首先需要将事先编好的加工程序输入到机床数控系统，数控系统完全按照事先编好的加工程序指令控制刀具的移动轨迹（见图 3.15）。在数控加工过程中，刀具切削的基本原理同常规的机械加工没有本质上的区别，但由于数控程序的使用，使得数控加工过程同机械加工技术、计算机应用技术以及数学计算紧密地结合在一起，从而能够完成各种复杂形状零件的高效自动化机械加

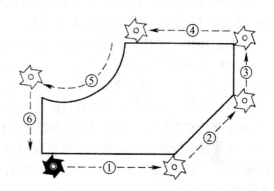

图 3.15　数控程序控制刀具的移动

工，使常规的切削加工技术进入到了一个崭新的时代。数控设备形式多样，已经在诸多领域得到应用，如数控铣床、车铣复合加工中心、数控车床、数控磨床、电加工机床、线切割、焊接机床、复合材料铺带及缠绕等。

3.3.1　基本概念

加工过程中引入数字控制技术后，刀具的运动轨迹完全按照数控系统的指令移动，这些不同指令的组合称为数控程序。

目前，数控程序的编程方法主要有手工编程和自动编程两种。手工编程是人工计算刀位轨迹，并进行指令编辑。这种方式只适用于简单零件、程序量不大的程序编程，机床操作人员必须掌握手工编程技术。自动编程技术是利用计算机及专用软件来编制数控加工程序。最初的自动编程技术以人机对话的方式确定加工对象和加工条件，计算机自动进行运算和指令生成，随着计算机及软件技术的飞速发展，这种编程技术如今已经逐步被 CAD/CAM 集成系统所取代。现代广泛使用的是 CAD/CAM 自动编程技术，该技术利用 CAD/CAM 系统，建立或利用工件的三维（3D）数模，设置好加工条件和参数，然后 CAM 软件自动生成数控程序。CAD/CAM 系统能够采用多种方式完成复杂曲面零件的多坐标加工程序编制，效率高，可靠性好。CAD/CAM 系统编制的程序格式通常是 APT（Automatically Programmed Tool）格式的刀位文件，它与具体的机床并没有关系，经过专用后置处理软件处理后，将刀位文件生成不同机床的数控系统都可以执行的 G，M 代码格式的数控程序，之后才可以在数控机床上执行。

3.3.2 手工编程

手工编程是编程人员直接根据零件设计图样，计算控制刀具移动的数据点，并直接书写数控指令代码程序。

这种编程方式适合形状简单的零件或刀具移动，控制简单的加工，并且要求编程人员对数控系统非常了解。手工编制的数控程序的结构简单，并可充分利用数控系统提供的功能，可以编制出适用性较强的数控程序和一些特殊控制程序。

（1）分析零件图样。对零件图样进行分析，明确加工的内容及加工要求，确定加工方案，选择合理的数控机床，确定夹具的基本形式。

（2）工艺设计。在对零件图样进行分析的基础上，进行零件加工工艺设计，确定零件加工工艺路线，明确零件定位装夹方法，安排工序内容，选择加工机床、刀具及工艺参数，形成工艺规程文件，需要时进行夹具设计形成夹具设计文件。

（3）数学处理。根据零件装夹特点确定零件加工的原点及加工坐标系，根据零件的几何尺寸、加工路线和刀具尺寸计算刀具运动轨迹的控制点（节点），获得刀位数据。

（4）零件加工数控程序编制。根据所使用机床数控系统的指令格式及得到的刀位数据，逐段编写程序代码。编程人员应对数控机床的性能、数控指令系统非常熟悉，才能编写出合格的零件加工程序。

对于比较复杂的数控程序，需要经过试切检查才能开始正式零件加工。

手工编程的基本过程如图 3.16 所示。

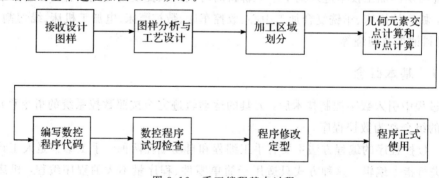

图 3.16　手工编程基本过程

3.3.3 计算机辅助编程

对于复杂形状零件或大型零件，由于几何元素增多或具有复杂的集合元素使得数据计算工作量大大增加，若再采用手工编程的方式，其工作效率根本不能满足生产需要。计算机辅助编程特点是采用计算机代替人工劳动，编程人员在计算机上建立零件模型，通过简单的人机交互确定必要的参数数据，由计算机完成数据计算、指令处理和加工程序生成工作，大大减轻了编程人员的劳动量并提高了计算精度，使得数控程序编制效率得到极大提高。

计算机辅助数控编程技术的发展主要经历了以下几个阶段。

（1）APT（Automatically Programmed Tool）语言，在 20 世纪 50 年代由美国麻省理工学院（MIT）开发。APT 语言采用专用语句书写源程序，通过计算机中的 APT 处理程序经过编译和运行，输出刀位数据，再经过后置处理，把通用的刀位数据转换成适应数控系统要求的指令格式。

(2)APT Ⅱ,APT Ⅲ:20 世纪 60 年代,MIT 组织美国各大飞机公司共同开发。

(3)APT Ⅳ,APT－AC:20 世纪 70 年代后继续开发,同时世界各国也衍生出一系列类似系统。

(4)CADAM 系统:基于图形交互终端,具有图形设计、绘图和数控编程一体化的系统,1972 年由美国洛克希德加利福尼亚飞机公司开发。

(5)CATIA 系统:具有三维设计、分析与编程一体化功能,1978 年由法国达索飞机公司开发并持续发展至今。

(6)UG(NX)系统:1983 年由美国 McDonnel Douglas Automation(麦道自动化公司,后合并到其他公司)开发的三维 CAD,CAM 系统,并持续发展至今,现在已成为西门子集团旗下的产品,称为 NX。

(7)20 世纪 80 年代后,以三维线框、实体造型和特征造型为基础的 CAD/CAM 系统不断发展,出现多种不同形式的商品化 CAM 软件及专用于某类零件的 CAM 软件,如 Master-CAM,Delcam,Hypermill 和 Cimontron 等。

计算机辅助编程技术现在广泛应用于各种类型零件的数控程序编制。计算机辅助编程的基本过程如图 3.17 所示。

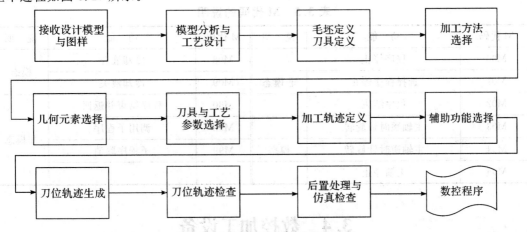

图 3.17 计算机辅助编程基本过程

3.3.4 数控编程中常用的指令(G 代码、M 代码)

在数控编程中,有的编程指令是不常用的,有的只适用于某些特殊的数控机床。这里只要介绍一些常用的编程指令,对于不常用的编程指令,请参考使用的数控机床编程手册。

1. 准备功能指令(G 指令)

准备功能指令由字符 G 和其后的 1～3 位数字组成,其主要功能是指定机床的运动方式,为数控系统的插补运算作准备。G 指令的有关规定和含义见表 3.4。

表 3.4 G 代码的说明

G 代码	功 能	G 代码	功 能
G00	定位(快速进给)	G43	取消刀具长度补偿

续表

G 代码	功　能	G 代码	功　能
G01	直线插补(切削进给)	G44	刀具长度正偏置(刀具延长)
G02	圆弧插补(顺时针)	G49	刀具长度负偏置(刀具缩短)
G03	圆弧插补(逆时针)	G54～G59	工作坐标系
G17	XY 平面选择	G80	固定循环取消
G18	ZX 平面选择	G81	钻孔固定循环
G19	YZ 平面选择	G83	深孔钻孔固定循环
G40	取消刀具半径补偿	G90	绝对坐标编程方式
G41	刀具半径左补偿	G91	相对坐标编程方式
G42	刀具半径右补偿	—	—

注:以上 G 代码均为模态指令(或续效指令),一经程序段中指定,便一直有效,直到以后程序段中出现同组另一指令(G 指令)或被其他指令取消(M 指令)时才失效,否则保留作用继续有效,而且在以后的程序中使用时可省略不写。

2.辅助功能指令(M 指令)

辅助功能指令由字母 M 和其后的两位数字组成,主要用于完成加工操作时的辅助动作。常用的 M 指令见表 3.5。

表 3.5　M 代码的说明

M 代码	功　能	说　明	M 代码	功　能	说　明
M00	程序停止		M08	冷却液开	模态
M01	选择程序停止	非模态	M09	冷却液关	
M02	程序结束		M30	程序结束并返回	
M03	主轴顺时针旋转		M98	调用子程序	非模态
M04	主轴逆时针旋转	模态	M99	子程序取消	
M05	主轴停止				

3.4　数控加工设备

数控加工设备是以数控技术为基础的新技术对传统制造产业渗透形成的机电一体化产品,其技术涉及机械制造技术、信息处理和信息传输技术、自动控制技术、伺服驱动技术、传感器技术以及软件技术等多个领域。数控加工设备与传统的车、铣、钻、磨相对应地有数控车床、数控铣床、数控钻床和数控磨床等。尽管这些数控机床在加工工艺方法上存在很大差别,具体的控制方式也各有不同,但机床的动作和运动都是数字化控制的,具有较高的生产率和自动化程度。数控加工设备按切削加工方法可以分为数控车床、数控铣床及加工中心、数控磨床等,其中,数控铣削设备结构形式多样、应用广泛,在数控加工设备家族中具有典型的代表性,以下将围绕数控铣床及加工中心介绍数控机床的基本结构和应用。

铣削加工用数控机床与传统的普通手动机床相比,数控铣床的整体布局、外部造型、传动系统和操作机构等多方面发生了很大变化,对数控铣床的结构强度、刚度及抗振性提出了更高的要求,其目的是满足数控技术的要求和充分发挥数控铣床的效能。数控铣床具有对加工对象适应性强、加工精度高以及加工生产效率高等特点，因此逐渐得到了广泛应用。一般来说，数控铣床适用于加工多品种小批量零件、结构相对比较复杂的零件、需要适应的零件较多且更换频率较高的零件以及价格昂贵的关键零件等。

数控铣床可以分为数控龙门铣床、桥式数控铣床和立（卧）加工中心等。通常主要由数控系统、伺服驱动系统、机床主机及辅助系统（冷却、润滑系统）等部分组成。

3.4.1　数控系统及伺服驱动系统

机床数控系统是数控机床的中心环节，它接收输入的控制信息，经处理和运算去控制机床运作，满足复杂型面零件的高效加工要求。数控系统是数控机床的核心，由译码器、运算器、存储器、控制器、显示器和输入输出装置等组成，完成数控程序输入、程序信息处理和伺服系统驱动等任务。它根据运算结果控制脉冲信号的输入输出装置的启动与停止、机床主轴的变速或换向、工件夹紧或松开、分度工作台的转位和锁紧、刀具的选择与更换以及切削液的开启或关闭等，以完成零件的数控加工。

随着网络技术和计算机技术的发展，数控系统功能越来越强大，主要表现在以下几个方面。

（1）近几年数控系统均已具备了不同形式的网络通信功能，使得系统更具有开放性，为网络制造、远程监控和远程诊断提供了基本条件，同时为组成柔性制造系统等各种自动化程度的生产线提供了基本的集成平台。

（2）机床系统的数据处理、运算能力和智能化程度也越来越高，不仅一些小型的 CAD/CAM 系统可以与之集成，而且一些知识库系统和管理系统也可以实现与之集成，甚至可以将 CAM 系统嵌入其中，给使用人员带来了极大的方便，提高了加工的可靠性。

机床伺服系统包括驱动装置和执行机构两部分，它是数控铣床的重要组成部分。伺服系统接受数控系统经插补运算输出的位移、位置的报告信息，经功率放大后驱动机床移动部件实现精确定位或者按照规定的轨迹和速度运动，以加工出合格的零件。伺服系统的精度和动态响应性能能直接影响数控机床的生产效率、加工精度和零件的表面粗糙度。常见的伺服驱动元件有步进电机、直流伺服电动机和交流伺服电动机等。

3.4.2　铣削加工用数控机床主机结构及特点

机床的运动形式是多种多样的，机床的坐标规定为：采用右手 $OXYZ$ 坐标系。其回转轴围绕 X 轴的为 A 轴，围绕 Y 轴的为 B 轴，围绕 Z 轴的为 C 轴，方向按右手螺旋法则规定，如图 3.18 所示。

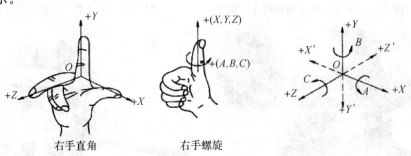

右手直角　　　　右手螺旋

图 3.18　机床坐标定义

3.4.2.1 数控龙门铣床

1. 数控龙门铣床结构概述

数控龙门铣床主体结构分为龙门移动和固定龙门工作台移动。

龙门移动数控龙门铣床的总体机构为龙门移动式，工作台固定，X，Y，Z 三轴三联动(X 轴为龙门架沿工作台纵向移动，Y 轴为横向滑板在横梁上的横向移动，Z 轴为铣头滑板在横滑板上的垂向移动)，双摆头铣头(A，C)或(A，B)安装在滑枕端部。

固定数控龙门铣床的总体结构为龙门固定，工作台移动式，X，Y，Z 三周三联动(X 轴为龙门架沿工作台纵向移动，Y 轴为横向滑板在横梁上的横向移动，Z 轴为铣头滑板在横滑板上的垂向移动)，双摆角铣头(A，C)或(A，B)安装在滑枕端部。

2. 典型产品示例

(1)龙门移动式数控铣床(见图 3.19~图 3.22)。如图 3.19 和图 3.20 所示的数控龙门铣床主要用于轻合金的加工，该类设备的主要特点是①主轴转速高、功率大、加工效率高，适合铝合金等轻金属材料基复合材料结构件的加工；②龙门双边同步驱动；③全闭环位置控制；④高精度铣头及高性能电主轴；⑤整体式防护。

如图 3.21 和图 3.22 所示的数控龙门铣床属于重切削机床，主要用于钛合金等难加工材料的加工，该类设备的主要特点是①高刚性、高精度、高可靠性，适合钛合金、高强度钢等难加工材料结构件加工；②龙门移动式结构，双边同步驱动；③全闭环位置反馈；④高精度大扭矩机械铣头；⑤主轴箱精密齿轮传动，多级机械变速；⑥自动排屑、加工区防护。

(2)固定龙门数控铣床(见图 3.23)。固定龙门铣床的工作台可沿直线移动，该类设备的主要特点是①适合钛合金、高强度钢等难加工材料结构件加工；②工作台移动式结构；③全闭环位置反馈；④高精度、高刚性、大扭矩机械铣头；⑤主轴箱精密齿轮传动，多级机械变速；⑥自动排屑、整体式防护；⑦易于配备自动换刀装置。

图 3.19　双龙门四主轴数控龙门铣床

图 3.20　双主轴三坐标数控龙门铣床

图 3.21　G3-2040M 三坐标数控龙门铣床

图 3.22　龙门五轴数控铣床

图 3.23　固定龙门数控铣床结构

3.4.2.2　桥式数控铣床

高速切削技术是近些年迅速发展起来的一项先进制造技术，它不但极大地提高了加工效率，而且显著地改善了零件的加工精度和表面质量。由于高速切削时产生的切削力小，发热少，残余应力以及零件变形较小，因此在航空、航天等领域应用广泛。常规数控机床很难控制加工中的变形并高效率地去除大切削余量，而高速切削机床是满足这种需要的有效技术设备。高架桥式结构机床应运而生，并得到了广泛应用。

国外已有多家机床制造厂家围绕高速加工开发和发展了一系列的相关技术，包括适合高速加工的电主轴、冷却系统、刀具系统、润滑系统、CNC 控制系统和驱动系统，以及适合高速加工的高速数控铣床。而且国外的桥式高速铣床还有高速和更高速之分，一般传统传动方式的机床直线进给速度为 20 m/min，而同时还有直接驱动技术的机床，其直线进给速度为 40 m/min 甚至更高。国内机床制造业在桥式高速数控龙门铣床的研究生产方面也已开始起步。

(1)机床总体结构。桥式单主轴五坐标数控龙门铣床总体结构为高架桥式龙门结构。两排立柱固定在地基上，每排立柱上安装一个底座，其上有两条 X 导轨，横梁在 X 导轨上纵向移动(X)，横滑板在横梁上横向移动(Y)，滑枕在横滑板上下移动(Z)，双摆角铣头(A, C)安装在滑枕端部，主轴为高速电主轴，落地式机床工作台安装在两排立柱之间。

(2)典型产品示例(见图 3.24)。桥式数控铣床由数控龙门铣床演变而来，滑轨布置在立柱上端，横梁直接安装在滑轨上沿着滑轨移动，该类设备的主要特点是①主轴转速高、功率大、加工效率高，适合铝合金等轻金属材料基复合材料结构件的加工；②高架桥式结构、双边同步驱动；③全闭环位置控制；④高精度铣头及高性能电主轴；⑤整体式防护。

图 3.24　B5 2580E 桥式五坐标数控铣床

3.4.2.3 立(卧)加工中心

(1)立式加工中心(见图3.25)。立式加工中心的总体结构为立柱移动式,工作台沿床身横向移动(X轴),立柱在底座上纵向移动(Y轴),垂向滑板在立柱上垂向移动(Z轴),A/B摆角固定于垂滑板,A摆角滑板围绕X向的摆动(A轴),B摆角滑板围绕Y向的摆动(B轴)。

(2)卧式加工中心(见图3.26)。卧式加工中心的总体结构为主轴卧式安装,工作台沿床身导轨横向移动(X轴),垂滑枕安装在立柱上,垂滑枕沿立柱上下运动(Y轴),立柱沿床身前后运动(Z轴),带有B旋转工作台和A摆角头,其中机床B转台能够实现360°无限制旋转。

加工中心设备的主要特点是①适合钛合金、高强度钢等难加工材料结构件加工;②立柱移动式结构;③可交换式旋转/移动工作台;④全闭环卫视反馈控制;⑤高精度大扭矩机械双摆角铣头;⑥全封闭防护、自动排屑;⑦链式刀库。

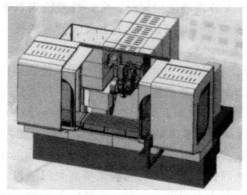 

图3.25　五坐标立式加工中心　　　　图3.26　五坐标卧式加工中心

3.4.3 辅助系统

(1)液压系统。机床配置功能齐备的液压系统,完成铣头平衡、换刀和夹刀等功能。

(2)润滑系统。润滑系统提供定位时定量润滑,保证机床导轨及丝杠等集中润滑效果。

(3)刀具冷却系统。刀具冷却有大流量水冷和雾冷两种冷却方式,保证切削刀具具有充分的冷却效果;主轴头上设可调向喷头,安装在主轴头端部,启停可由加工程序进行控制。

(4)排屑系统。可以有效地清除加工中产生的切屑,具有卡死保护装置,防止切屑堵塞时损坏排屑器;设有切屑提升装置,便于切屑的清理。

(5)切削区防护。切削区防护装置安装在机床周围,防止切削液和切屑飞溅到切削区外,安全性符合GB15760—1995金属切削机床安全防护通用技术条件。

(6)刀库系统。机床配备刀库,可自动换刀,刀库带封闭式防护罩,在换刀时刀库门自动打开,刀库移动到主轴下方;机床配置刀具管理功能,可对刀具进行管理。

(7)工件测量系统。机床配备工件测量头,能够进行工件原点的测量和点到点的测量,实现工件坐标系的偏移和旋转,同时能对刀具磨损等造成的加工误差进行补偿,实现对加工零件的精度控制;通过调频控制,不受其他无线电信号的干扰。

(8)刀具测量。配置有用于校准的标准刀杆;可实现刀具的实际长度和直径的测量,包括钻头、镗刀、立铣刀、盘铣刀和球头立铣刀等，测量值可以自动记入机床刀具数据表中；可测量最大长度达 50 mm 的球头立铣刀、圆柱形刀具或成型刀具的轮廓形状；可用于刀具破损和过渡磨损的检测。

3.4.4　数控铣床应用发展展望

20 世纪 80 年代初，我国先后从日本、美国等国引进了一些 CNC 装置及主轴、伺服系统的生产技术，并陆续投入了批量生产，从而结束了数控机床发展徘徊不前的局面，推动了数控机床的发展。经历了 40 年跌宕起伏，国产数控机床的发展已经由成长期进入了成熟期，与国际先进水平的差距正在逐渐缩小。

但由于我国技术水平和工业基础还比较落后，数控机床的性能、水平和可靠性与工业发达国家相比，差距还是很大。在国家的大力支持下，高档数控机床与基础制造装备项目开展了机床关键零部件、数控设备整机的技术研究、开发和工程化应用，各行业数控铣床的应用越来越广泛，随着数控技术的发展，为了满足制造业生产柔性化、制造自动化的发展需求，数控铣床将会向着高速化、高精化、智能化和功能复合化等方向发展。

3.5　典型航空结构件数控加工工艺实例

3.5.1　典型航空结构件的特点及加工需求

现代飞机为达到优异的机动性能、超声速巡航及轻量化、长寿命和易维护等指标，采用了全新的设计技术与设计理念。航空结构件有以下特点。

（1）大量采用了整体结构、薄壁结构；

（2）形状结构复杂，零件外形多为复杂曲面、非对称与变截面等结构，薄壁深腔结构多；

（3）金属去除比率高，许多零件金属去除率超过 90%；

（4）表面质量及尺寸精度要求高，比上一代飞机提高了一个等级；

（5）材料品种多，涉及铝合金、钛合金、超高强度钢、不绣钢以及各种复合材料等多种材料；

（6）零件规格大并且结构复杂、精度高；

（7）出现在现代飞机上具有代表性的结构件有大型超高强度钢结构件、大型钛合金整体框梁结构件、薄壁整体壁板、起落架以及航空发动机的整体叶盘等。

以上特点造成此类零件数控加工难度大、周期长，给数控加工带来了巨大的挑战。由于大量整体结构件的出现，造成飞机机体数控加工工时成倍增长，约 80% 的结构件需要数控加工，数控加工成为机体结构件制造的关键过程。

美国洛克希德·马丁公司的航空结构件加工中心，铝合金材料的切除率达 3×10^5 mm³/min，零件壁厚可以达到 0.50 mm；波音 Bertsche Engineering 公司的高速加工中心，用于航空航天铝合金、复合材料零件的加工。对铝合金高速加工，切削速度可达 2 000～5 000 m/min，主轴转速 10 000～40 000 r/min，加工进给速度为 2～20 m/min，材料去除率为 30～40 kg/h。国外的航空制造先进企业已经开始迅速转变到高效生产模式，大量采用高速、高效、精密、复合、智能和环保的新型数控机床，其工艺优化控制与评估技术已很成熟,具有完善成熟的切削工艺规范及评估技术,数控切削加工工艺水平很高,能够保证航空结构件的高精度及高效率数控加工,满足 F－35 与 F－22 等飞机的技术要求。国外航空制造体系正向精确化、高效化和数字化的方向发展,航空零件的质量是靠整个制造体系来保证的。

3.5.2 典型航空结构件的数控加工工艺

3.5.2.1 大型超高强度钢结构件的数控加工工艺

30CrMnSiNi2A 具有超高的强度和硬度,在一些关键主承力结构上仍有较多的应用,如起落架、滑轨和梁等。超高强度钢材料淬火后 σ_b 超过 1 600 MPa,硬度接近 50HRC,是典型的难切削材料,此类零件通常规格大,数控加工的难度极大。

现以如图 3.27 所示的大型超高强度钢结构件为例来分析此类结构件的加工工艺。

图 3.27　大型超高强度钢结构件

该零件尺寸长约 2.6 m,厚度约 140 mm,结构复杂,经焊接形成空腔结构,淬火后硬度接近 50HRC,淬火后需要精加工。有多个形位公差精度要求:轮廓度 0.25 mm、同轴度 0.3 mm、圆柱度 0.1 mm、垂直度 0.1 mm、厚度 $10^{0}_{-0.1}$ mm,表面粗糙度要求 $Ra0.8\ \mu m$,轴头直径及基准孔要求精度 H7,多处孔位置度 $\phi0.1$ mm,孔垂直度 $\phi0.05$ mm。该零件有多处关重特性,数控加工中涉及的主要关键技术包括以下几种。

(1)焊前加工的关键工艺技术。焊前加工主要是去除毛坯余量、加工出焊接面,主要考虑采取以下技术方案:①合理留有余量,既能抵消焊后变形又能减少焊后加工量;②控制过程中的变形量;③要求零件焊接处平面及基准平面的平面度精度高,才能保证焊后加工达到图样要求精度;④零件腹板与零件本体焊口处尺寸配合要求很高,需在加工过程中配合加工;⑤零件工字型结构加工到图样要求尺寸,其尺寸及粗糙度应满足图样要求。

加工零件工字型结构需使用 T 形刀具,T 形刀加工零件时精度和粗糙度都较差,需要编辑合理的刀路及切削参数,以满足加工精度要求,并减少钳工工作量,提高效率。

(2)焊后加工的关键工艺技术。焊后淬火,淬火后零件有很大的变形,这种大变形带来的问题是焊后加工精度控制困难,主要包括以下几个方面的内容:①滑轨面、轴头和装配孔的形位公差精度;②腹板、筋条的厚度尺寸;③轴头尺寸及形位精度。

焊后的加工工艺方案的优劣决定了加工的质量,绝大部分的形位公差及尺寸公差都要在焊后的精加工中保证。工艺的设计主要是围绕消除淬火变形、保证关重特性尺寸及保证盖板厚度来进行的,因此设计了多次翻面与修复基准,中间进行了低温回火热处理,最后将多个重要的形位公差在一次装夹及一个基准下加工出来。

(3)加工变形控制技术。焊后加工变形主要是由于淬火后材料内部组织变化导致的,从工艺上主要考虑多次对称去除余量、尽量减少切削量等方法。由于腹板与本体焊接为一体,内侧面已精加工完毕无法加工,为保证腹板面厚度,在淬火后先加工。半精加工后增加了低温回火工序是为了释放加工过程中因机加引起零件表面产生残余应力。

（4）刀具选择。30CrMnSiNi2A 钢淬火后 $\sigma_b \geqslant 1\,600$ MPa，而且硬度接近 50HRC，切削力大，切削温度高，钢中还存在着一些硬化物质，因此刀具所承受的磨料磨损、扩散磨损乃至氧化磨损都比较严重，刀具磨损强度大，刀具寿命较低。

采用先进的刀具是提高难切削材料的切削效率和保证加工质量的最重要、最基本和最有效的措施。根据 30CrMnSiNi2A 钢淬火后的材料特点，刀具的材料应具有更高的硬度和更好的耐磨性，并且应具有较好的韧性和强度。因此选用了新型的高性能整体带涂层硬质合金刀具 SECO 的 JH170 系列刀具，此系列刀具采用 PVD 涂层，专用于淬火钢加工，如图 3.28 所示。

图 3.28　高性能整体带涂层硬质合金刀具

（5）精度控制。为了达到滑轨面、定位孔和基准孔等部位的形位公差精度，主要从工艺系统的精度、工艺方案的合理性两个方面来保证。

工艺系统精度方面，选用高刚性、大扭矩和高精度的强力机床，设计定位合理、装夹可靠的工装，选用高精度长寿命的刀具等，提高基准面、基准孔的精度。为了保证盖板壁厚公差，采用边加工、边测量的方式。

（6）轴头外圆加工工艺。轴头直径 $\phi60g7$，精度 7 级，它所处的位置又无法磨削，因此选用如图 3.29 所示的外圆镗刀，其刀片能够微调，在铣床上，采用套车的方式镗轴头，确保其 7 级精度。

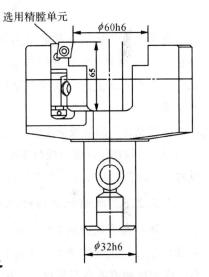

图 3.29　高精度可调外圆镗刀

3.5.2.2　大型钛合金整体结构件的高效数控加工

现代飞机钛合金结构件向着制造大型化、整体化结构方向发展，F－22 后机身钛合金隔框精密锻件投影面积达 5.53 m²。钛合金整体结构件规格大、壁薄、刚度差、易变性、切削量大、加工周期长、加工成本高，钛合金化学活性高、摩擦力大、切削温度高、弹性模量小，造成了刀具黏结磨损、扩散磨损严重，加工质量和精度很难控制。此类大型航空整体结构件实现高精度、高可靠性和高效率的切削加工是航空制造业面临的一个重要课题。

典型的钛合金整体框（见图 3.30）外廓尺寸约为 3.2 m×1.7 m，双面加强筋和槽，两边有耳片中间有开口，外形为变斜角。该框还具有薄壁结构（δ＝2 mm±0.3 mm），深孔结构（IT8 精度深 60 mm），深槽结构（槽深 80 mm）。粗加工后采用拼焊方式焊接成一个整框，焊接变形情况复杂，最终精度由数控加工来保证。总之，该框不但为难切削材料，而且尺寸巨大、结构复杂、精度要求高，对数控程序的要求提高到了空前的高度，这些特点决定了该框数控加工强度极大、难度大、风险高、效率低、难以测量。此类大型钛合金整体框数控加工的关键技术是①焊前分段加工的方案设计;②整体框数控加工工艺设计技术;③大型零件的测量技术;④整体框数控加工变形与精度控制工艺;⑤数控编程与海量程序检查技术;⑥钛合金高效切削的工艺参数匹配与优化技术;⑦钛合金机械加工表面质量控制技术。

图 3.30　大型整体框零件加工状态

　　此类大框焊接后必须通过测量,精确掌握焊接的变形情况和余量分布情况,这样才能为整框的加工确定基准和分配余量。由于此框焊后尺寸规格大,普通测量机无法测量,利用雷尼绍测头在机床上进行在线测量是一个很好的方案,测量后就可直接找正零件,并建立加工坐标系。

　　大型整体框的数控加工程序通常可达数百条,也无巨大的毛坯可提供试切。为确保一次加工合格,必须在计算机上进行模拟切削,检验程序,确保程序正确。将设计模型调入加工仿真软件,与仿真加工后的模型进行比较检查,得到未切除的残余量的模型和切伤部位模型。

3.5.2.3　发动机整体叶盘类零件高精度数控加工

　　整体叶盘是现代航空发动机实现结构创新与技术跨越的关键部件。通过将传统结构的叶片和轮盘设计成整体结构,省去了传统连接方式采用的榫头、榫槽和锁紧装置,结构重量减轻,推重比和可靠性明显提高。因其毛坯一般采用高强度难加工材料,叶片薄、扭曲度大、叶展长、刚性极差,切叶片间的通道深而窄、开敞性很差,材料切除率很高,加工难度很大。整体叶盘制造采用的主要工艺有精密铸造、线性摩擦焊、数控铣削、电解加工和电火花加工等,各有其优缺点,数控铣削加工灵活快速、加工精度高是其显著优点,因此多采用五坐标数控铣削加工整体叶盘,如图 3.31 所示是数控加工后的整体叶盘。

图 3.31　数控加工完成的整体叶盘

叶盘加工刀具长径比有时大于 10，造成刀具刚性极差，切削过程中表现出很高的动态切变强度，降低了工件表面的加工质量和表面完整性，无法与已成形的空心叶片曲面光滑相接。整体叶盘材料、结构和工艺的复杂性与其高精度制造之间形成了一对尖锐的矛盾，而保证航空发动机核心转子部件整体叶盘的加工精度、加工效率以及表面完整性又至关重要。整体叶盘类零件的数控加工是航空制造业面临的另一个重要课题。

整体叶盘的加工必须选用高刚度、高精度和大功率的五轴联动数控加工中心，采用新型刀具材料、刀具结构。整体叶盘五坐标数控铣削加工的关键技术包括叶盘通道与刀轴矢量的控制、刀具轨迹设计及光顺处理、通道的高效粗加工技术、叶片型面的精加工技术、加工变形控制和刀具减振技术、薄弱结构加工颤振抑制工艺和切削参数优化技术，工程经验的积累对提高加工效率、质量也非常重要。数控加工工艺设计及数控编程必须密切关注上述问题，采取有效的工艺措施才能保证设计要求。

整体叶盘粗加工的目的就是要快速去除大余量。粗加工主轴摆角一方面要能够切到整个叶片表面，另一方面也要考虑盘体的锥度形成，因此采用 20～30 mm 的短刀具最为适宜，厚度方向分层切削。粗加工留 2 mm 余量，接着半精加工，留 0.3 mm 余量，采用带底角 R 的刀具，分层也可以再细些。

叶片的进、排气边缘厚度一般不足 1 mm，必须在叶片有一定刚性但余量不太大的情况下加工，所以应安排在精加工前进行。采用较小直径球头铣刀，刀位轨迹平行于叶片进、排气边缘进行行切，行距要密，切削量要小，切削速度要高，用类似高速铣削的方式加工出的边缘曲线效果良好。

粗加工刀具首先要控制刀长，采用较短的刀具和直径较大的刀具，采用侧铣方式，切削效率和减振效果会明显提高。精加工叶片型面应选用底角 R 较大的刀具或球头刀具，配合较小的行距，切出的曲面会很光顺。

精加工另一面时，叶片的刚性已经较差，切削力作用在叶展的端头，极易产生弹性变形同时伴随振颤，所以此面的加工重点是控制变形与振颤。叶片变形可直接导致厚度尺寸超差，加工振颤可导致叶片表面产生振纹，并且容易使刀具崩刃，严重影响叶片表面质量。

采取在叶片通道间增加填充物的方法，改变了零件的阻尼特性，既能明显减少振颤，又能在叶片背面形成有力的支撑，抵消切削力造成的叶片弹性变形，确保了叶片的厚度。此外，采用如图 3.32 所示的刀具走刀方式，利用叶片的余量提高其刚性，能有效降低变形。

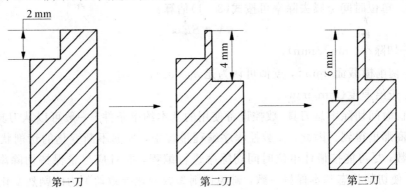

第一刀　　　　　　　第二刀　　　　　　　第三刀

图 3.32　两边轮流加工的走刀方式

整体叶盘数控加工程序编程时首先要考虑的是控制刀轴方向（见图 3.33），有些整体叶盘因为通道太窄、叶片扭曲和盘体是锥形等因素，所以刀轴控制稍有差错就会干涉。此外退刀、空刀快速移动一定要控制幅度。粗加工可以采用定摆角等高线行切，或五坐标侧刃铣削，所有刀具轨迹应实现顺铣。精加工刀位轨迹设计要流畅、光顺，行距要小，才能保证行切出的曲面光顺。清根程序要留少许余量，避免刮伤叶片型面。

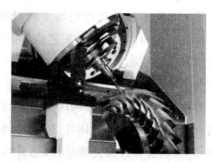

图 3.33　叶盘数控加工时的刀轴控制

3.5.2.4　大型薄壁复杂结构类零件的高速加工技术

现代飞机设计为了减轻结构重量，大量采用了薄壁结构的零件，薄壁腹板和加强筋结构厚度为 3 mm 以下，厚度误差为 ±0.1～±0.15 mm。具有典型代表性的是整体壁板（见图 3.34）、货舱地板等结构件，其尺寸规格大、薄壁结构、刚性差、结构复杂，加工精度要求也较高，切除率高。大型薄壁结构件抑制加工颤振、控制加工变形、保证尺寸精度以及提高加工效率是数控加工的关键，最有效的加工方式是采用高速切削技术。

高速切削加工的主要特点是切削力与扭矩

图 3.34　大型薄壁壁板

最小，采用小的切削宽度（a_e）、小的切削深度（a_p）、中等的每齿进给量（f_z）、高的进给速度（F）、高的切削速度（v），这与普通加工所采用的大切削深度、小进给率的加工方式是不同的。

随着切削速度的提高，刀具的寿命急剧下降（见图 3.12），为使高速刀具具有一定的使用寿命，因此刀具硬度和横向断裂强度都要高。对于高速加工，推荐使用 0.5 μm 或更小的晶粒度的硬质合金，其抗弯强度好，刃口锋利。另外提高刀具图层的耐磨性、耐热性和韧性，提高刀具的使用寿命和表面质量，在几何形状上不宜选用平底尖刃端铣刀，此类刀具的刀尖处承受的切削力过于集中而容易导致破损，宜选用带圆角半径的刀具或球头刀具。

加工效率是高速加工最重要的一个参数，可以用单位时间金属去除率作为加工效率评估的基础参数。单位时间金属去除率可按式（3-1）估算：

$$V = SF \tag{3-1}$$

式中，V——切除率（mm³/min）；

　　　S——切削横截面（mm²，近似可认为是 $a_p \cdot a_e$）；

　　　F——进给速度（mm/min）。

最佳单位时间切除率是刀具、数控设备使用的基本约束条件，一般可以从刀具样本、机床样本或供应商那里得到。因此，在数控程序编程过程中，根据不断变化的切削状态，应及时调整其他参数，尽可能按最佳单位时间切除率进行编程，并且应尽量保持切除率不变（即常量切除率），使切削状态基本保持一致，避免切削参数变化导致切削力的剧烈变化，使加工质量保持一致;同时,这样也是实现高效率进行高速加工的基本约束条件。在粗加工工序中,为了能够确保最大的切削效率,所规划的刀具轨迹应保持恒速进给;在精加工工序中,为了提高加工表面质量,所生成的刀轨应保持刀具以恒力切削。进给量和径向切深应尽可能均匀,有利于延长刀具寿命,减少噪声污染。

在加工过程中保持切屑厚度为最大允许的常量,可以保持较高的切除率。根据切削原理,铣削加工的每齿进给量可表示为

$$f_z = F/(nZ) \tag{3-2}$$

式中,f_z——每齿进给量(mm/z);

F——进给速度(mm/min);

Z——铣刀齿数;

n——主轴转速(r/min)。

切屑厚度近似等同于每齿进给量,每齿进给量也是刀具的一个基本参数,可以从刀具供应商那里得到参考值。从公式中可以看出,在转速提高时,进给速度也应提高,或在进给速度提高时转速也应提高,这样才能保持切屑等厚度,这样的切削条件也有利于保持切削力和切削状态的一致,减小加工振动,使表面质量得到保证。

要充分发挥高速切削加工优势,必须要有合适的高速加工的策略用于指导高速加工。例如,尽量采用较高的切削线速度、较高的进给速度和较小的切削深度,尽量降低进给速率的变化,避免刀路轨迹转弯处的尖角,以及采用顺铣方式等。这些基本加工策略在大型薄壁壁板等类型零件的加工中已经被广泛应用。

为了减小振颤,采用真空吸盘、填充物固持或增加工艺筋是很有效的工艺手段。对于弱刚性蒙皮类零件轮廓的加工,可在柔性工装上夹持,采用高速铣削方式加工,如图 3.35 所示为蒙皮工件装夹在柔性工装上进行切边加工的过程。

图 3.35　蒙皮装夹在柔性工装上加工

高速加工被认为是 21 世纪机加工艺中最重要的手段,其应用领域越来越广,高速加工工艺是一个系统工程,需要在数控机床、加工工艺、CAM 编程技术、刀具和刀柄系统等各个环节紧密配合,才能达到切削速度和进给速度的成倍提高。

3.5.2.5　大型复合材料构件的精确数控加工

新型飞机复合材料(复材)用量大幅度上升,且由于飞行性能、战术功能的要求,复合材料外形轮廓复杂、孔精度要求高,以前采用手工钻孔、切边,现在必须采用数控加工才能达到精度要求。数控加工是最后工序,一旦出现问题,损失将非常严重。因此,选用合适的机床、

加工方法和加工参数对复合材料零件的加工尤为重要。

碳纤维复合材料构件一般尺寸较大，形状结构复杂，硬度和强度高且属于力学性能各向异性材料，切削过程中切削力波动较大，切削热不易传出，严重时会烧焦树脂或使树脂软化，刀具磨损严重，因此刀具是碳纤维加工的关键，其切削机理更接近于磨削而非铣削，所以切削线速度通常大于 500 m/s，高转速、小进给。切削加工刀具一般选用整体硬质合金滚花铣刀、电镀金刚石颗粒砂轮(见图 3.36)、镶金刚石铣刀或整体硬质合金人字形刀刃复合材料构件加工专用铣刀(见图 3.37)。加工复合材料构件的整体刀具都有一些共同特点：螺旋角小(甚至是 0°)、容屑槽小以及专门设计的人字形刀刃，这些都是为了减小轴向切削力，其加工效率高、加工质量好。

图 3.36　电镀金刚石颗粒磨头

图 3.37　碳纤维加工专用刀具

碳纤维复合材料层间强度低，易在切削力的作用下产生分层，因此钻孔或切边应减小轴向力。钻孔要求高转速，小进给，转速一般在 3 000～6 000 r/min，进给为 0.01～0.04 mm/r，钻头选用三尖两刃或两尖两刃形式较好，锋利的刀尖可先将碳纤维层划断，两刃对孔壁起到了修补作用，镶金刚石的钻头锋利与耐磨性俱佳。复合材料与钛合金夹层的钻孔是个难题，一般采用整体硬质合金钻头，按钻削钛合金的切削参数进行钻削，从钛合金侧先钻，直至钻通，钻削时加润滑剂，缓解复合材料烧伤。波音公司专门研制了 PCD 组合钻头用于夹层的钻孔。

复合材料切屑为粉末，对人体健康危害大，应采用大功率吸尘器吸尘，采用水冷也可有效降低粉尘污染。

3.5.2.6　高强度钢起落架高效数控加工

飞机起落架表面质量要求高，要减少振纹、微裂纹和烧伤，降低应力集中，保障零件寿命，提高起落架的抗疲劳性和长寿命。起落架材料为超高强度 300 M 钢，强度达 2 000 MPa，起落架内外圆表面、凸台和孔等均需要进行数控加工，且几何和形位公差要求较高。现在面临的突出问题就是超大型 300M 钢件的数控切削加工效率和质量。

300M 高强度钢加工刀具寿命是加工的瓶颈所在，对于高效率的金属切削加工来说，被加工材料、切削刀具和切削条件是三大要素，决定着加工时间、刀具寿命和加工质量。合理地选择切削条件是最经济有效的加工方式。切削条件的三要素：切削速度、进给量和切深直接引起刀具的损伤。最合适的加工条件的选定是在这些因素的基础上通过基础切削试验(切削力试验、刀具寿命试验)选定的。有规则的、稳定的磨损达到寿命才是理想的条件。然而，在实际作业中，刀具寿命的选择与刀具磨损、被加工尺寸变化、表面质量、切削噪声和加工热量等有关。在确定加工条件时，需要根据实际情况进行研究。对于 300M 高强钢等难加工材料来说，适宜采用冷却剂或选用刚性好的刀具。

刀具系统的刚性是高强钢加工中必须重视的主要问题之一。刚性不足会引起刀具的振动或发生刀具倾斜，影响加工精度、加工效率，并且因为刀具系统的振动会加快刀具的磨损，甚至影响刀具及机床设备的寿命。因此，在满足加工要求的前提下，要尽量选择较短的刀柄，以提高加工 300M 钢时刀具系统的刚性。

高强度钢的高效粗加工属于典型重型切削，对数控机床最基本的要求是高刚性与高功率。起落架零件的高精度加工对机床的加工精度和精度稳定性提出了越来越高的要求。机床在内外热源的影响下，包括刀具在内的各个部件将发生不同程度的热变形，使工件与刀具之间的相对运动关系遭到破坏，也使机床的精度下降。对于数控机床来说，因为全部加工尺寸是预先编制的指令控制的，热变形的影响更为严重。采用高的切削速度和低的进给量所形成的连续切屑流可使更多的切削热被切屑带走，减少零件和刀具的热变形。采用误差补偿技术、反向间隙补偿、丝杆螺距误差补偿和刀具误差补偿等技术，可对设备的热变形误差和空间误差进行综合补偿。研究结果表明，综合误差补偿技术的应用可将加工误差减少 $60\%\sim80\%$。

起落架数控加工要求在一台数控机床上可实现多功能的复合加工，如车、铣、钻、镗等多种切削加工，以达到一次装夹完成全部加工的目的。此外，采用车铣方式加工回转表面，还可获得变单刀连续车削为多刀非连续铣削，从而降低切削力，改善刀具散热条件，减小刀具磨损。因此，高刚性多功能的复合加工数控技术及装备、新型涂层刀具材料及刀具结构设计已成为起落架零件切削加工的重要关注点。

3.5.3　整体结构件数控加工技术展望

现代飞机结构设计的变化对数控设备、工装、刀具、切削参数、编程方法、变形控制和切削效率等技术都提出了更高的要求。数控工艺技术是一种系统工程，涉及多门学科及技术，必须系统地处理好所有相关技术环节，才能很好地完成新型复杂航空件的加工。

先进的数控设备是数控加工工艺实现的基础，随着机床控制技术、机械部件制造技术的发展，数控设备功能和性能不断发展完善，正朝着多轴联动、高速加工、复合加工、高精度加工、绿色加工和智能加工等趋势发展，这些发展趋势也是新型航空结构件数控加工技术的主体方向。

数控加工技术是发展先进制造技术、实现数字化制造和数字化车间集成的基础和重要组成部分，其应用水平是衡量工业制造能力、生产效率和管理水平的重要标志之一。数控加工技术以先进的数控设备为基础，向高效率、高精度、智能化和绿色加工发展。高速加工的切削速度将进一步提高，主轴转速 50 000～100 000 r/min 将会普遍应用，同时加工精度不断提高并实现稳定的批量生产，效率可提高数倍。多轴联动设备及工艺技术不断发展完善，可以更高效、高精度和非常便利地加工更加复杂的零件结构。复合加工技术也将得到发展，更多的加工工艺将复合在一台设备上，某些复杂结构的零件的加工效率和精度将得到极大的提高。智能机床的发展将会是一个不可逆转的趋势，智能加工将会把数控加工技术提高到一个全新的阶段，设备将具有智能化的大脑，能够通过网络与外界电脑通信，接收指令和反馈信息，自动生成加工程序或优化加工程序；能够具有自适应加工技术，预报或诊断设备可能出现的故障，自动完成测量和调整，实现无人加工。绿色加工的理念将会更加深入人心，采用干式加工、防尘和节电等措施，对环境和操作者的保护会更加到位。工艺知识专家系统和工艺知识数据库技术将得到应用，数控加工工艺的设计将更加科学合理。通用及专用的 CAM 编程软件的功能也将更加强大，真正地将工艺知识集成在 CAM 系统中，自动编程将成为可能。未来的数控加工不但单台设备功能更加强大，将多台设备联网集成在一起组成真正的计算机集成制造系统将更加普及，无人加工、智能加工、数字化车间和数字化工厂将是未来发展的目标。

第4章　航空钣金零件成形技术

一架飞机由成千上万个零件构成,其中钣金零件占据相当大的比例。根据对我国现行生产飞机的调查,仅有色钣金零件的项数就占全机零件总项数的40%左右,零件总数的65%左右是钣金冲压件。钣金冲压件的尺寸从几毫米到几米,形状从简单的垫圈到比较复杂的框缘、高压气瓶等,其结构形式可分为蒙皮零件、框肋零件和内装支架等。它们的加工路线基本相同,一般需经过下料、成形、热处理、校形和表面处理等工序,使零件满足形状、加工精度、强度、表面粗糙度及表面防护与装配的要求。钣金成形工艺主要包括冲裁、弯曲、拉深、翻边、拉形、胀形、旋压、落压成形、橡皮成形、热成形、爆炸成形、超塑成形和整体壁板成形等。

4.1　飞机钣金零件分类

确定钣金冲压件制造工艺的关键是根据零件不同结构形式分别制订出相应的成形方案。飞机钣金结构件的形式是多种多样的,为了充分了解飞机钣金零件的结构特点以及加工工艺的要求,本节阐述飞机钣金零件的分类。

4.1.1　分类原则及方法

飞机钣金零件分类也就是根据零件的相似性,按照一定的原则对零件进行分类。相似性分为材料相似性、工艺相似性和结构相似性。材料相似性指材料品种、状态的相似性,工艺相似性指零件的加工方法、工艺装备和使用设备的相似性,结构相似性指零件的尺寸、形状、使用部位以及零件上所具有的结构要素的相似性。

根据相似性分类原则,飞机钣金零件常用分类方法见表4.1。

表 4.1　飞机钣金零件常用分类

分类方法	内　　容
按材料种类	板材零件、管材零件、挤压型材零件
按材质种类	铝合金、镁合金、铜合金、钛合金、不锈钢、合金钢和普通钢板等零件
按零件结构特征	蒙皮、框板、肋骨、梁、整流罩、带板和角材等零件
按工艺方法	下料、压弯、拉弯、滚弯、绕弯、拉深、拉形、落压、旋压、闸压、橡皮成形、喷丸成形、爆炸成形、局部成形、超塑性成形与超塑性成形/扩散连接零件
按零件成形温度	冷成形零件和热成形零件
按零件变形特征	分离工序和成形工序零件

4.1.2　飞机钣金零件分类图

由于飞机钣金零件品种多、数量大、结构和成形方法复杂，所以首先按材料相似性分为板材零件、管材零件和挤压型材零件三大类；然后在每种材料中，再根据结构相似性和工艺相似性，分成若干零件相似族，从中选出几个典型零件作为代表构成，如图 4.1 所示为飞机钣金零件分类图。图 4.2～图 4.15 为较为典型的飞机钣金零件。

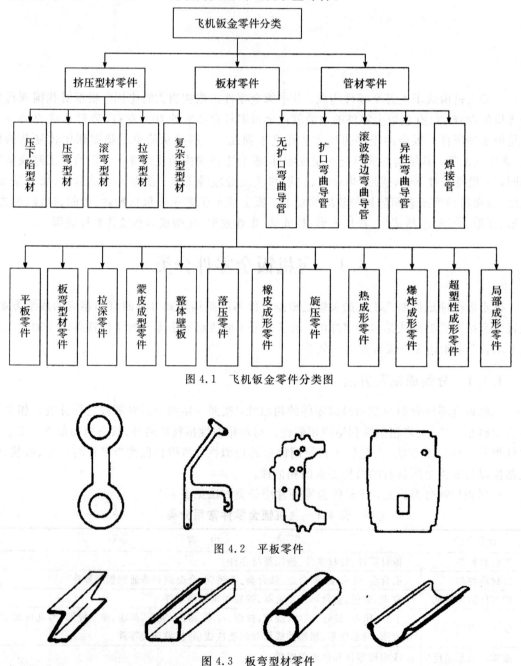

图 4.1　飞机钣金零件分类图

图 4.2　平板零件

图 4.3　板弯型材零件

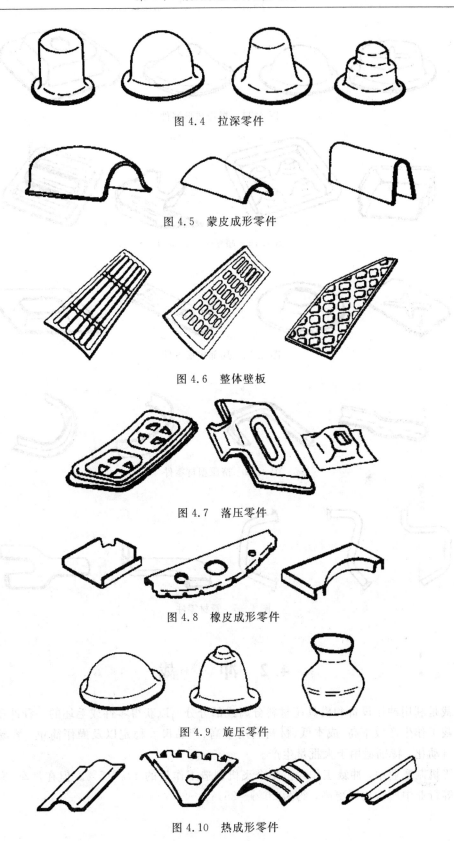

图 4.4　拉深零件

图 4.5　蒙皮成形零件

图 4.6　整体壁板

图 4.7　落压零件

图 4.8　橡皮成形零件

图 4.9　旋压零件

图 4.10　热成形零件

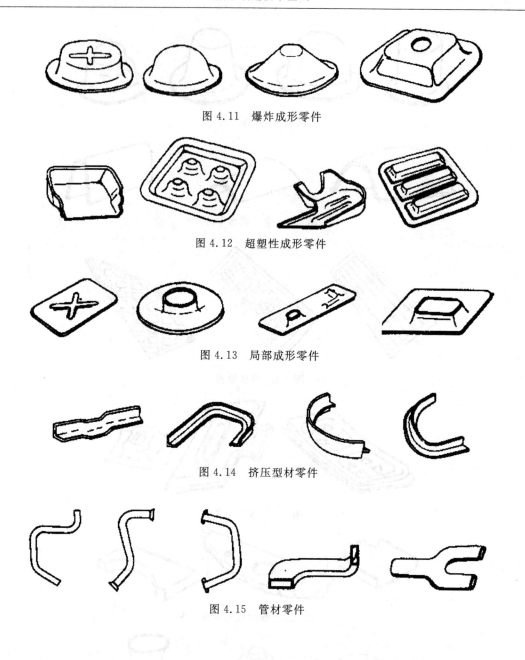

图 4.11 爆炸成形零件

图 4.12 超塑性成形零件

图 4.13 局部成形零件

图 4.14 挤压型材零件

图 4.15 管材零件

4.2 冲　裁

冲裁是利用冲压设备和模具使材料分离或部分分离以获得零件或毛坯的一种冲压工序。

冲裁工作生产效率高、成本低、材料利用率高、产品尺寸稳定以及操作简单，容易实现机械化和自动化，特别适用于大批量生产。

在飞机制造业中，冲裁工作约占整个飞机制造工作量的 4%～5%。但在汽车、家电和日用五金等行业中所占比例更高，约为 20%～25%。

4.2.1　冲裁工序

冲裁工作包括落料、冲孔、切断（切边、剖切）、切口和整修等工作（见图 4.16）。但一般所说的冲裁工艺主要是指落料和冲孔工序。

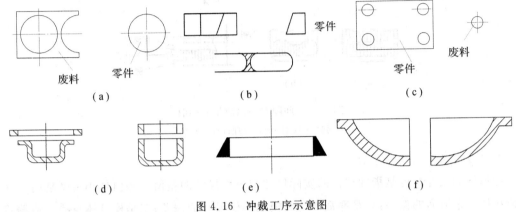

图 4.16　冲裁工序示意图
(a)落料；(b)切断；(c)冲孔；(d)切边；(e)剖切；(f)整修

冲裁以后，板料分成两部分，即落料部分和带孔部分。若冲裁的目的是制取一定外形的冲落部分，则这种冲裁工序称为落料，若是为了制取内孔，则称为冲孔。

根据变形机理的不同，冲裁可以分为普通冲裁和精密冲裁两类。

4.2.2　冲裁间隙

冲裁间隙是指冲裁时凸模与凹模之间的间隙，通常以 z 表示，其值等于凹模实际尺寸与凸模实际尺寸之差。

冲裁间隙对冲裁件质量、冲裁力和横具寿命都有很大影响，是冲裁工艺与模具设计的一个极为重要的参数。

冲裁件质量指标是断面质量、尺寸精度和形状误差。断面应平直、光洁，即无裂纹、撕裂、夹层和毛刺等。零件表面拱曲应尽可能小，尺寸精度应满足图纸规定的公差要求。

1.间隙对表面质量的影响

冲裁时，上、下剪裂纹是否相向扩展并最后重合与间隙大小有关。间隙合理时，则材料会由于上下裂纹相遇合而分离（见图 4.17(b)），较光洁，毛刺较少、较小。间隙过小时（见图 4.17(a)），上、下剪裂纹不重合。当凸模继续下压时，上、下剪裂纹的中间部分将产生二次拉裂。上裂纹表面压入凹模时，受到凹模壁挤压，出现第二光亮带，部分材料被挤出表面形成毛刺或齿状边缘。间隙过大时（见图 4.17(c)），上、下裂纹也不重合。材料所受的弯曲和拉伸增大，拉应力增加，材料容易撕裂，且裂纹在距刃口较远的侧面上产生，使光亮带缩小。圆角与断裂斜度都增大，毛刺大而厚，不易去除。

当凸凹模之间的间隙不均匀时，会出现部分间隙过大、部分间隙过小的情况，模具制造与安装时应特别注意。

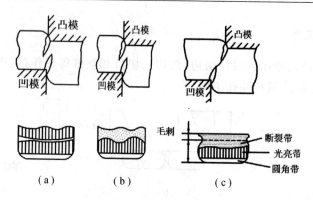

图 4.17　间隙对表面质量的影响

(a)间隙过小；(b)间隙合理；(c)间隙过大

2.间隙对尺寸精度的影响

冲裁件的尺寸精度是指冲裁件的实际尺寸与公称尺寸的差值。差值越小精度越高。这个差值包括两个方面的偏差：一是冲裁件与凸模或凹模尺寸的偏差；二是模具体身的制造偏差。

通常在落料加工中，让凹模洞口尺寸等于工件外径尺寸，而在冲孔加工中，让凸模外径尺寸等于工件孔的内径尺寸。

冲裁件相对于凸、凹模尺寸的偏差，主要是工件从凹模内推出（裁件）或从凸模上卸下（冲孔）时，由于材料所受的挤压、拉伸以及拱曲都要产生弹性恢复所造成的。偏差可能为正也可能为负。影响偏差的因素有凸、凹模间隙，材料性质以及零件的尺寸和形状。其中最主要的是凸、凹模之间的间隙。

如间隙过大，冲裁时拉伸变形大，冲裁后的弹性恢复使落料尺寸缩小，冲孔孔径变大。如间隙过小，材料受压缩变形，冲裁后的弹性恢复将使孔的尺寸缩小，而使落料的尺寸增大。

此外，间隙不合理还会造成裁件拱曲，不能保持平整。间隙越大，拱曲越大。只有间隙合理时才能获得尺寸精确、表面平整的冲裁零件。

3.间隙对冲裁力的影响

冲裁力随间隙减小而增大。其原因是间隙减小时，材料所受弯矩减小，从而使拉伸应力降低，挤压应力增加，材料不易撕裂，故冲裁力增大。不同材料都对应着一个冲裁力较小的相对间隙范围，此范围即合理间隙范围。材质不同，此合理间隙范围也不同，但通常都在 $(10\% \sim 30\%)d$ 范围内。

此外，间隙对卸料力和推件力也有影响，间隙增大后，从凸模上卸料或从凹模孔中推件都将省力。

4.合理间隙确定

模具合理间隙 z 可按下式计算

$$z = nt \tag{4-1}$$

式中，z——模具双面间隙，mm；

　　　t——板料厚度，mm；

　　　n——模具间隙系数。

常用材料的模具间隙系数见表 4.2。

表 4.2　常用材料的模具间隙系数

材　料	模具间隙系数
铝	0.04～0.05
紫铜、软钢	0.08～0.1
中软钢	0.1～0.12
硬钢	0.12～0.14

4.2.3　冲裁力的计算

冲裁力的计算是为了合理地选择冲床和设计模具。冲床的质量必须大于所计算的冲裁力，以满足冲裁的要求。

平刃模具冲裁时，其冲裁力可按下式计算：

$$F_b = \kappa t l \tau_0 \tag{4-2}$$

式中，F_b——冲裁力，N；

　　　κ——修正系数，一般取 1.3；

　　　t——材料厚度，mm；

　　　l——冲裁断面周长，mm；

　　　τ_0——材料抗剪强度，MPa。

4.2.4　冲裁模

板料的冲裁工作是由安装在压力机上的冲裁模完成的。冲裁模种类很多，为了叙述方便，现按其工序组合程度分别介绍如下。

1. 单工序冲裁模

压力机一次冲程只完成一个冲裁工序的模具称为单工序冲裁模。

如图 4.18 所示为导柱式单工序冲裁模，它由上模和下模两部分组成，上、下两部分利用导柱 1、导套 2 的滑动配合导向，冲模通过模柄 4 安装在压力机滑块的模柄孔中，上模和滑块一起运动。下模则通过下模座用螺钉、压板固定在压力机台面上。

图 4.18 中 3 为钩形挡料销，5 为固定卸料板，6 为凸模，7 为凹模。棋具在进行冲压之前，条料靠导向板导向送进，并由挡料销定位。冲裁后，工件由凹模孔下落。上模回升时，依靠下模上的固定卸料板将废料从凸模上卸下。

2. 连续模

连续模是在简单模基础上发展起来的，适用于大批量生产，其特点是在一副模具中的不同工位上，分别完成不同的冲压工序。压力机的每一次行程就可以冲裁一个或多个零件，生产效率很高，但材料利用率较低。连续模必须具备精度较高的定位装置，如初始挡料销、挡料销、侧刃、导销以及自动送料装置，因此，结构比单工序冲裁模复杂得多。

如图 4.19 所示是最简单的冲裁垫圈的连续模工作原理。条料送进至第 1 工位时首先冲孔，移至第 2 工位时进行裁件，零件从凹模孔口下落。

3. 复合模

压力机一次冲程中，在同一工位同时完成数道工序的模具称为复合模。和连续模相比，采用复合模进行冲裁可以获得精度较高、质量较好的零件，并适用于批量生产。

复合模结构复杂，制造精度要求高，造价昂贵，但结构紧凑，寿命较长。

复合模结构(见图 4.20)的主要待点是具有复合形式的凸凹模,它既是落料凸模,又是冲孔凹模。

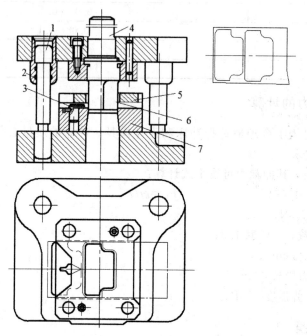

图 4.18　导柱式单工序冲裁模

1—导柱;2—导套;3—钩形挡料销;4—模柄;5—固定卸料板;6—凸模;7—凹模

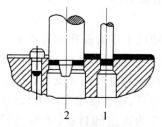

图 4.19　连续模工作原理

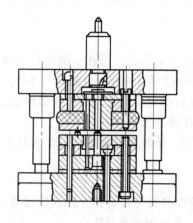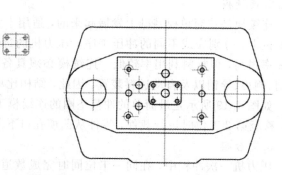

图 4.20　复合模结构

4.3　弯　　曲

飞机上的各种翼肋、前缘和框缘往往需要经过弯曲加工，弯曲就是将板材、型材或管材等弯成一定曲度和角度，形成一定形状的零件的工序。用弯曲方法加工零件的种类很多，如图4.21所示是常见的典型弯曲件。在生产中弯曲成形所用的工具及设备不同，形成了各种不同的弯曲方法，如压弯、折弯、滚弯以及拉弯等。虽然各种弯曲方法所用的设备及工具各异，但其变形过程及特点有些共同的规律。

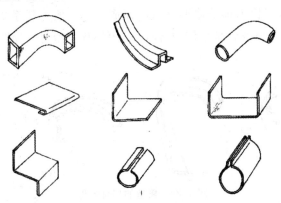

图 4.21　各种典型弯曲件

4.3.1　压弯

压弯是在冲压机床上借助于压弯模使板料、棒料、型材或管材等类型的坯料产生弯曲的一种加工方法，如图4.22所示。

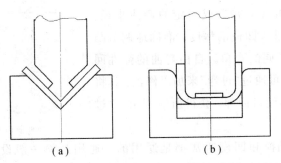

（a）　　　　　　　　　　　（b）

图 4.22　不同压弯模上的弯曲

（a）V 形模；（b）U 形模

当板料受外加弯矩作用发生弹性弯曲时，其主应力仅存在于圆弧切向上。板料内侧受压应力，外侧受拉应力，处于两侧之间过渡区的中性层，其切向应力为零。随外加弯矩的增大，板料金属同时从其两侧由表及里逐步达到屈服极限，最终使整个断面进入塑性状态。

影响压弯件精度的主要因素有以下几种：

（1）材料的机械性能；

（2）弯曲半径与材料厚度的比值；

（3）模具的间隙；

（4）矫正力。

材料的屈服极限越高、弹性模量越小，外力撤除后弯曲回弹越大。弯曲半径与材料厚度的比值越小，回弹越小。凸模与凹模的单向间隙大于材料厚度时，材料处于松弛状态，回弹增大；反之，材料被挤紧，回弹减小。增加矫正力也可以减小回弹。

4.3.2 折弯

飞机框肋上的缘条和长桁都是用型材弯曲而成的。一般毛料系冶金部门供给的挤压型材，当缺乏合适的挤压型材或轻型结构型材时，也可用板弯型材。如图 4.23 所示的是一些典型零件。

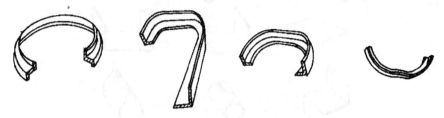

图 4.23 典型的型材零件

型材的显著特点是窄而长，断面形状有 V 形、U 形、⊓ 形和 Z 形等。除 V 形断面外，都包含两个或更多弯角。板弯型材需经多次压弯才能制成。因毛料很长，普通冲床不能适应压弯成形需要，而必须使用专用的折弯机床。

折压属于自由弯曲。将板料放在开有 V 形槽的凹模上，由 V 形凸模压向毛料（见图 4.24）。随着凸模下降，毛料弯成一定的角度，并形成一定的弯曲半径。弯角大小决定于凸模进入凹模的深度，准确地调节凸模的行程，便可弯出不同的弯角。自由弯曲的弹性回跳很大，折压弯曲时，可通过"过弯"来加以修正，先将角度弯小一些，卸载后经过回弹，获得所需弯角。"过弯"量需经过试压确定。

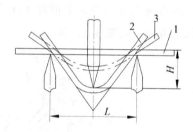

图 4.24 折弯成形示意图

1—弯曲前；2—弯曲结束；3—卸载后

折压机上所用的凸摸和凹模通常都是通用的。通用凸模一般设计成楔形，锥角介于 15°～45°之间，并具有不同的圆角半径。为了适应某些特殊的折压需要，凸模有时也制成其他形状。

通用凹模的工作面开有 V 形或 U 形槽，V 形槽的夹角介于 75°～90°之间，槽口宽度介于 5～30 mm。通用的凹模一般在四面都开有尺寸不同的 V 形和 U 形槽。凸模和凹模的典型构造如图 4.25 和 4.26 所示。

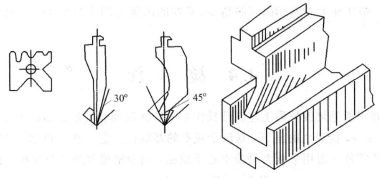

图 4.25 折压凸凹模和通用模

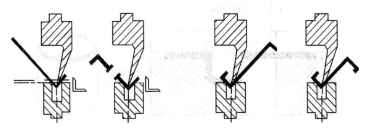

图 4.26 折压成形示例

4.3.3 滚弯

滚弯是属于自由弯曲的一种弯曲方
法，是毛料在滚轴的作用力下和滚轴与板
料之间摩擦力的联合作用下，产生塑性弯
曲并向前推进的一种成形方法。飞机上
有的单曲度蒙皮以及型材要采用滚弯成
形方法加工，可分为单曲度蒙皮的滚弯和
型材滚弯两种。

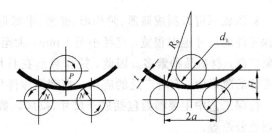

图 4.27 板料滚弯示意图

单曲度蒙皮滚弯常采用三轴滚弯机滚弯，板料滚弯时，毛料在滚轴作用力和摩擦力的连
续加载下，通过滚轴，产生塑性弯曲变形，如图 4.27 所示。毛料经滚弯后所要求得到的曲率
半径 R 是由滚弯时曲率半径 R_0 经过卸载回
跳后而获得的。因 R_0 与三滚轴的相对位置
有关，R 也就决定于三个滚轴的相对位置和
毛料的机械性能及厚度。

型材滚弯常采用四轴滚弯机滚弯，其滚
弯原理如图 4.28 所示。滚床的工作部分由
四个滚轮组成，中间一对滚轮 1,2 是由机械
传动反向转动的导轮，3 是随动的弯曲轮，4
是随动的支承轮。只要零件截面形状相同，
采用通用四轴滚轮便可以加工出不同曲率的
零件。以四轴滚弯机滚出的零件，理论上应

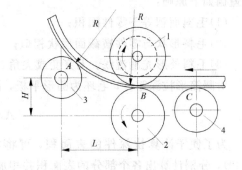

图 4.28 型材四轴滚弯原理图
1,2—由机械传动反向转动的导轮；3—随动的弯曲轮；
4—随动的支承轮

该没有直线段，但实际上考虑到机床的精度、零件的回弹等因素的影响，毛料也必须留有工艺余量。

4.4 拉 深

拉深是指将平板毛坯或杯形毛坯在凸模作用下拉入凹模型腔形成开口空心零件的成形工艺方法（见图 4.29），拉深也称压延，是钣金成形的基础性工艺。在飞机结构中，有许多开口空心零件。这类零件一般用平板毛料或空心半成品，用金属模具通过拉深的工艺方法制成。

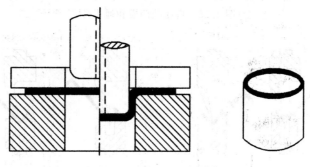

图 4.29 拉深过程示意图

拉深成形可以制成筒形、阶梯形、锥形、半球形、盒形和其他不规则形状的立体空心零件。拉深零件的尺寸范围很宽，直径小至 1 mm，大至 2～3 m，厚度为 0.2～30 mm。拉深加工的对象广泛，材料品种繁多。因此，拉深成形在日用品、电器元件、机械零件、飞机结构件和汽车零件的成形中，有着广泛的应用。典型拉深件外形如图 4.4 所示。

拉深工艺中主要参数包括展开尺寸、拉深次数、拉深力、压边力以及模具的圆角半径、间隙与制造公差等。

4.4.1 拉深毛坯尺寸

拉深毛坯尺寸计算的基本思想是金属塑性变形体积不变。如果不考虑薄板厚度在拉深成形过程中的变化，则体积不变可进一步退化为面积不变。因此，拉深件毛料展开尺寸的确定应遵循如下原则：

(1)毛料面积等于零件面积；

(2)毛料形状与零件横截面形状相似；

(3)毛料外形光滑流线，无突变或尖角。

对圆筒形拉深零件，毛坯为圆形平板，设其直径为 D_0，则毛坯的表面积为

$$A_0 = \frac{\pi}{4}D_0^2 \tag{4-3}$$

为了便于计算拉深件的表面积，可将零件划分为若干个形状简单的组成部分（见图4.30），分别计算出各个部分的表面积并相加后，得到零件的总面积 A，即

$$A = A_1 + A_2 + A_3 + \cdots ++ A_n = \sum_{i=1}^{n} A_i \tag{4-4}$$

根据表面积不变，得

$$D_0 = \sqrt{\frac{4}{\pi}A} = \sqrt{\frac{4}{\pi}\sum_{i=1}^{n}A_i} \tag{4-5}$$

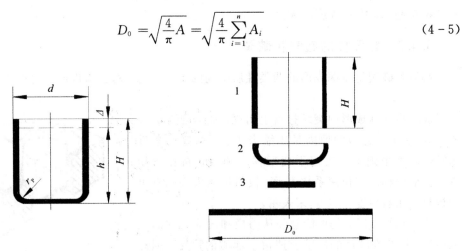

图 4.30 圆筒形拉深件及几何划分

需要说明的是,式(4-5)中拉深件各组成部分面积 A_i,应按中性面计算。即便如此,计算出的毛坯直径依然是近似的,在实际应用中,还应根据具体情况作必要的修正。

由于板料各向异性,会在拉深件上产生凸耳。另一方面,板料厚度不均匀、毛坯定位不准或者凸模凹模之间的间隙不均匀等因素,也都会导致拉深件边缘不整齐。因此,拉深后要修边,而这一修边余量在计算毛坯直径时应当予以考虑。如图 4.30 所示,Δ 就表示修边余量。圆筒形拉深件的修边余量参考表 4.3。

表 4.3 圆筒形拉深件修边余量

零件高度 h/mm	修边余量 Δ/mm
10~50	1~4
50~100	2~6
100~200	3~10
200~300	5~12

4.4.2 拉深系数

拉深系数用 m 表示,定义为拉深后筒形件直径与拉深前毛坯直径之比,即

$$m = \frac{d}{D_0} \tag{4-6}$$

式中,d 指拉深后筒形件的中径,对薄板料,也可用筒形件外径或内径进行计算。D_0 为毛坯直径可按式(4-5)计算。

拉深系数 m 是拉深成形过程的重要工艺参数,它直观、简便地反映了材料的变形程度。m 值越小,拉深前后直径差别越大,变形程度越大。拉深系数值决定了拉深件的精度和质量,当 m 值小于一定数值时,需采取有效的工艺措施来防止拉深件的起皱、破裂或者其他质量问题。

类似于拉深系数,也用拉深比作为衡量拉深件变形程度的简单指标。拉深比的定义为

$$K = \frac{D_0}{d} = \frac{1}{m} \tag{4-7}$$

K 值越大，变形程度越大。

4.4.3 拉深件的起皱和破裂

起皱和破裂是拉深成形的两类性质不同的工艺问题，对拉深件质量有严重影响。

1. 起皱

起皱指拉深成形中突缘材料上出现的局部皱褶，如图 4.31 所示。起皱的原因是压缩失皱，而起皱的条件和皱褶的大小则主要决定于变形程度和板料抗压失稳刚度。变形程度用拉深系数表示，板料抗压失稳刚度可用板料的相对厚度(t_0/D_0)来表示。

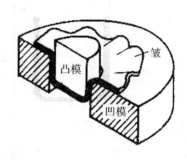

图 4.31 起皱

当皱褶轻微时，仍可能勉强从凸模和凹模之间的间隙通过，但会在零件的侧壁上遗留下起皱的痕迹，因此说起皱是非破坏性缺陷。然而，如果皱褶严重，则材料不能从凸模和凹模之间的间隙通过，强行拉深就导致拉裂。

拉深成形过程中，起皱与否的极限条件可用经验式(4-8)判定。

$$\frac{t_0}{D_0} \geqslant k(1-m) \tag{4-8}$$

式中，t_0 和 D_0 分别为拉深毛坯的厚度和直径，m 为拉深系数，k 为修正系数，其值参考表 4.4。

表 4.4 起皱条件修正系数 k 值

材　料	k
不确定拉深材料属性的情况下	1/6
退火铜、黄铜、软钢	1/8.7
镇静钢、7/3 黄铜、铝	1/6.3
软铝	7/80

如果零件的拉深系数和相对厚度满足式(4-8)给定的条件，拉深过程不会起皱。反之，如果不满足式(4-8)，拉深件就会起皱。板料相对厚度(t_0/D_0)越小，则抗压失稳能力越差，越易起皱。拉深系数 m 越小，凸缘材料变形程度越大，周向压缩应力也随之增大，同时 m 值小时，凸缘宽度大，抗压失稳刚度也就差，所以 m 值越小，皱褶越严重。

2. 破裂

拉深系数是表示材料拉深过程中变形程度的指标。当拉深系数小于某个临界值时，拉深过程会出现如图 4.32 所示的破裂现象。对应的拉深系数称为极限拉深系数(m_{lim})。对成形过程来说破裂是一种破坏性的成形障碍，一旦出现，成形即告失败。

拉深过程凸缘材料的基本变形特征是压

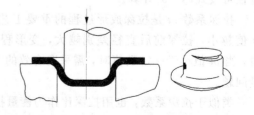

图 4.32 拉深破裂

缩变形。对一般韧性金属材料来说，这意味着凸缘区材料无破裂之忧。筒壁和凸模圆角区材料受拉，存在拉深破裂的可能性。凸模圆角区材料由于在拉深初期受凸模的顶压和弯曲变形的影响，局部有一定变形。在拉深过程中进一步受双向拉伸，厚度又有所变薄，成为厚度最薄的区域。并且由于凸模圆角区材料的变形量较小，应变硬化效应相对来说也比较小。所以，在将凸模作用于筒底的力向凸缘传递时，凸模圆角区成为承载的薄弱区。其中特别是筒壁与凸模圆角相切点稍靠内侧的材料，不仅厚度薄，而且受凸模的有利摩擦也小。所以成为容易破裂的位置，被称为危险断面。

除了拉深系数过小，即变形程度过大引起破裂外，压边力过大、凸缘起皱、凸凹模间间隙过小和材料内部缺陷等其他因素也会引起拉深件的破裂。

拉深件破裂一般发生在最大拉深力出现之前的拉深成形初始阶段。因此，保证拉深成形过程顺利进行的必要条件是筒壁传力区材料所承受的最大拉应力应当小于其危险断面的抗拉强度(或称承载能力)。

表 4.5 是一些常见材料的极限拉深系数。如果零件的拉深系数小于材料的极限拉深系数，则拉深过程中会破裂。反之，如果零件的拉深系数大于材料的极限拉深系数，则拉深破裂可以避免。

表 4.5　常见材料的极限拉深系数

材料名称	牌　号	首次拉深系数 m_{lim}	以后各次拉深系数 m_{lim}
铝及铝合金	L4M，L6M，LF21M	0.52～0.55	0.70～0.75
	LY11M，LY12M	0.56～0.58	0.75～0.80
铜	T2，T3，T4	0.50～0.55	0.70～0.72
黄铜	H62	0.52～0.54	0.70～0.72
	H68	0.50～0.52	0.68～0.72
康铜	—	0.50～0.56	0.74～0.84
镍及镍合金	N6，N7，NSi0.19，NSi0.2，NMg0.1	0.48～0.53	0.70～0.75
膨胀合金	4J29	0.65～0.67	0.85～0.90
镀锌铁皮		0.58～0.65	0.80～0.85
酸洗钢板	—	0.54～0.58	0.75～0.78
不锈钢	1Cr18Ni9Ti	0.52～0.55	0.78～0.81

注：1. $r_d/t_0 < 6$ 时，拉深系数取较大值；$r_d/t_0 \geqslant 7 \sim 8$ 时，拉深系数取较小值；(r_d 为凹模圆角半径)；

　　2. $(t_0/D_0) \times 100 < 0.6$ 时，拉深系数取较大值；$(t_0/D_0) \times 100 \geqslant 0.6$ 时，拉深系数取较小值。

4.4.4　多次拉深

一种材料在一定的拉深条件下，其拉深系数有一极限值。当拉深件的深度较大且拉深系数小于极限值时，零件就不能直接一次经毛料拉深而成，而必须采用多次工序，分次逐步成形。

如图 4.33 所示即为一块直径为 D_0 的平板，经过多次拉深工序后形成一个直径为 d_n、高度为 h_n 的深筒形件的成形步骤。其各次拉深时的拉深系数可以分别表示如下：

第 1 次，$m_1 = d_1/D_0$；第 2 次，$m_2 = d_2/d_1 \cdots$；第 n 次，$m_n = d_n/d_{n-1}$。则零件的总拉深系数 m 为

$$m = d_n/D_0 \tag{4-9}$$

显然，$m = m_1 m_2 \cdots m_n$。由此可见，所谓多次拉深，是一种以筒形件半成品作为毛料，进一步减小直径，增加筒壁高度的成形工序。由于多次拉深是将板料直径改变为若干次来逐步完成的，减少了板料一次成形的变形量，从而可以降低压延变形抵抗力，使小于一次极限拉深系数的深筒形件得以分工序逐步拉深成形。

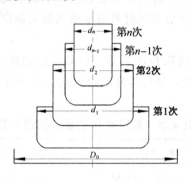

图 4.33　多次拉深

多次拉深的方法有两种基本形式：正拉深法与反拉深法。两种情况下毛料的变形方式并无重大区别。但是反拉深时材料的变形阻力较正拉深时的更大，所以，将半成品的底部做成45°锥角。因此，反拉深法应用于成形锥形和球形一类的零件，以抵制内皱的产生。此外，反拉深时，半成品毛料易于稳定定位，模具结构比较简单，凸模高度与工作行程均较正拉深时的更小。但是，凹模壁厚取决于前后两次半成品直径之差，不能任意增大，所以往往影响凹模的强度。

有时在拉深工序之间增加退火工序，以恢复材料良好的塑性状态。对于塑性低的材料，如镁合金、钛合金及形状复杂的拉深件，为减少拉深次数也可以采用加热拉深工艺。

拉深成形工艺也可以用于非回转体复杂形状零件的成形。应注意拉深件由于模具套数多、成本高，一般不适用于小批量生产。在飞机制造业中多数用于标准件的制造或特殊要求的情况下。

4.5　翻　　边

在板料毛坯的平面或曲面上沿封闭或不封闭的曲线对板料进行折弯，使折弯的部分与未变形部分形成有一定角度的直壁或凸缘，这样的的成形工艺称为翻边，如图 4.34 所示。一些飞机钣金零件上的孔，为提高强度、增加刚度，需对所开的孔进行翻边加工。根据翻边孔缘的形状与变形情况，翻边可分为普通翻边与变薄翻边，普通翻边又分为圆孔翻边与非圆孔翻边。

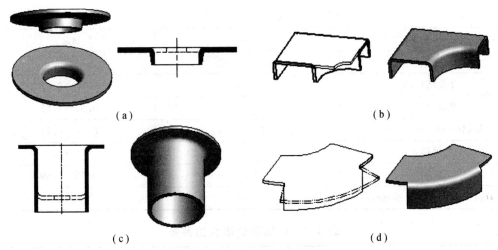

图 4.34　内孔翻边和外缘翻边

4.5.1　内孔翻边系数

内孔翻边是把预先在平面上加工的圆孔周边翻起扩大，成为具有一定高度的直壁孔部，是一种类似拉深的平面翻边。内孔翻边能制出合适的螺纹底孔，增加拉深件高度，也可以代替先拉深后切底的工艺，还能制成空心铆钉。

内孔翻边的应力应变状况如图 4.35 所示。在翻孔过程中，凸模圆角处的材料在周向拉伸主应力 σ_1 的作用下，产生周向拉伸主应变 ε_1，在厚度方向产生收缩应变 ε_3 和拉应力 σ_3。

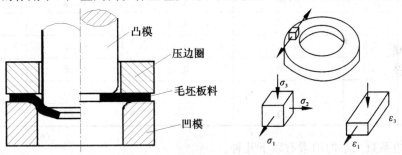

图 4.35　圆孔翻边的应力应变状况

如果孔口处的拉深量超过了材料的允许范围，就会破裂，因而必须控制翻边的变形程度。该变形程度是用翻边系数 k 来表示的，即翻边前孔径 d_0 与翻边后孔径 D 之比：

$$k = \frac{d_0}{D} \tag{4-10}$$

k 值越小变形程度就越大，反之变形程度就越小。工艺上必须使实际的翻边系数大于或等于材料所允许的极限翻边系数。各种材料圆孔的极限翻边系数见表 4.6 和表 4.7，方孔或其他非圆孔翻边时，其值应减少 $10\% \sim 15\%$。

表 4.6　翻边系数 k, k_{min}

退火材料	k	k_{min}
白铁皮	0.70	0.65

续表

退火材料	k	k_{min}
碳钢	0.74~0.87	0.65~0.71
合金结构钢	0.80~0.87	0.70~0.77
镍铬合金钢	0.65~0.69	0.57~0.61
软铝($t=0.5\sim5$ mm)	0.71~0.83	0.63~0.74
硬铝	0.89	0.80
紫铜	0.72	0.63~0.69
黄铜 H62($t=0.5\sim6$ mm)	0.68	0.62

表 4.7 低碳钢极限翻边系数

翻边方法		球形凸模		圆柱形凸模	
制孔方法		钻孔去毛刺	冲孔	钻孔去毛刺	冲孔
相对直径 d/t	100	0.70	0.75	0.80	0.85
	50	0.60	0.65	0.70	0.75
	35	0.52	0.57	0.60	0.65
	20	0.45	0.52	0.50	0.60
	15	0.40	0.48	0.45	0.55
	10	0.36	0.45	0.42	0.52
	8	0.33	0.44	0.40	0.50
	6.5	0.31	0.43	0.37	0.50
	5	0.30	0.42	0.35	0.48
	3	0.25	0.42	0.30	0.47
	1	0.20	—	0.25	—

影响翻边系数大小的因素有以下几种。

(1)材料种类及其机械性能。变形区孔口处翻边后的延伸率 δ 为

$$\delta=\frac{\pi D-\pi d_0}{\pi d_0}=\frac{D}{d_0}-1=\frac{1}{m}-1 \tag{4-11}$$

将 δ 换成材料的断面收缩率 ψ，并取最大值，就得到内孔的极限翻边系数值：

$$k_{min}=\frac{1}{1+\delta_{max}}=1-\psi_{max} \tag{4-12}$$

由此可见，材料的塑性越好，则极限翻边系数就越小，所允许的变形程度就越大。

(2)预制孔的孔口状态。翻边前的孔口断面质量越好，就越有利于翻边成形。钻孔的极限翻边系数比冲孔的小，其原因是冲孔断面上有冷作硬化现象和微小裂纹，变形时容易产生应力集中并且开裂。为了提高翻边的变形程度，常用钻孔或冲孔整修经加工翻边的圆孔。如采用冲孔后翻边，应将冲孔后带有毛刺的一侧放在里层，以避免产生孔口裂纹，也可将孔口部退火，消除冷作硬化现象并恢复塑性，这样可得到与钻孔相近的翻边系数。

（3）材料的相对厚度$(t/d)\times100$。相对厚度越大，所允许的翻边系数就越小，这是因为较厚的材料对拉伸变形的补充性较好，使材料断裂前的伸长值大些。

（4）凸模的形状。各种翻边凸模如图 4.36 所示。球形、锥形和抛物线形的凸模，使孔边圆滑过渡逐步张开，有利于材料的变形，所以翻边系数值较圆柱平底凸模更小。

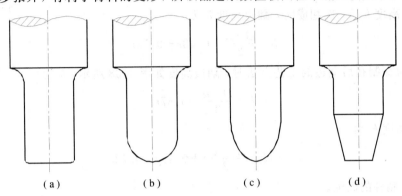

图 4.36　各种形状的翻边凸模

(a)平底凸模；(b)球形凸模；(c)抛物线凸模；(d)锥形凸模

4.5.2　内孔翻边工艺与计算

（1）内孔翻边的工艺性。制件的尺寸如图 4.37 所示。筒壁与凸缘间的圆角半径 $r\geqslant(1.5t+1)$ mm。一般 $t<2$ mm 时，取 $r=(4\sim5)/t$；$t<2$ mm 时，取 $r=(2\sim3)/t$。如果不能满足上述条件，应增加整形工序。

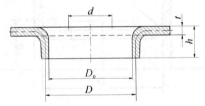

图 4.37　内孔翻边

翻边后筒壁口部变薄严重，其厚度 t_1 按下式近似计算：

$$t_1=t\sqrt{\frac{d}{D_0}}\qquad(4-13)$$

翻边预制孔的断面质量也应符合一定的要求，否则孔边的毛刺裂纹易导致口部的破裂。

（2）预制孔径 d。翻边前，必须在板料毛坯上加工出待翻边的孔。根据变形机理，翻边后的直壁和圆弧部分类似于弯曲，因而翻边后的高度可采用弯曲毛坯尺寸的公式近似计算，由此导出孔径：

$$d=D-2(h-0.43r-0.72t)\qquad(4-14)$$

式中，D——翻边孔中线直径；

　　　h——翻边高度；

　　　r——翻边圆角半径。

（3）判断是否一次翻成，确定翻边方法。如果制件的 d/D 大于极限翻边系数，一般采用制孔后一次翻边的方法;如果 d/D 小于极限翻边系数,则不能一次翻成。对于大孔翻边或在带料上连续拉深时的翻边,可采用先拉深、再制底孔、最后翻边的工艺方法。若采用多次翻边的工艺方法,则各翻边工序间均需要进行退火,并且以后各次的翻边系数要比第一次的增大约 $15\%\sim20\%$,因此较少应用。

(4)翻边高度 h。一次翻成时,翻边高度 h 为

$$h=\frac{D-d}{2}+0.43r+0.72t \tag{4-15}$$

采用先拉深制孔后翻边的工艺方法时,翻边高度如图 4.38 所示,h 为

$$h=\frac{D-d}{2}+0.57r \tag{4-16}$$

预拉深高度 h_1 为

$$h_1=H-(\frac{D-d}{2})+0.43r+0.72t \tag{4-17}$$

式中,H——制件的高度。

若用多次翻边的工艺方法时,各次翻边高度为

$$h_i=\frac{d_i-d}{2}+0.43r+0.72t \tag{4-18}$$

式中,h_i——第 i 次翻边高度;

d_i——第 i 次翻边中线直径。

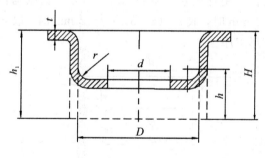

图 4.38 翻边高度

(5)翻边力 P 和翻边功 A。圆柱平底凸模翻边力按下式计算:

$$P=1.1\pi t\sigma_s(D-d) \quad (N) \tag{4-19}$$

式中,σ_s——材料的屈服强度,MPa。

如采用球形、锥形或抛物线形凸模时,上式翻边力可降低 $20\%\sim30\%$ 左右。无预制孔的翻边力要比有预制孔的大 $1.33\sim1.75$ 倍。

翻边所需要的功 A 为

$$A=Ph \quad (N\cdot m) \tag{4-20}$$

式中,h——凸模的有效行程,m。

翻边功率的计算与拉深相同。

(6)翻边间隙和凸、凹模尺寸。由于翻边时壁部厚度有一定量的变薄,因此翻边单边间隙 Z 一般小于材料原有的厚度。翻边的单边间隙见表 4.8。

表 4.8　翻边单边间隙

简　图	在平板上翻边	在拉深件上翻边
材料厚度 t /mm	间隙值 Z /mm	
0.3	0.25	—
0.5	0.45	
0.7	0.60	—
0.8	0.70	0.60
1.0	0.85	0.75
1.2	1.00	0.90
1.5	1.30	1.10
2.0	1.70	1.50
2.5	2.20	2.10

　　一般圆孔翻边的单边间隙 $Z=(0.75\sim0.85)t$ 左右,这样使翻边直壁稍微变薄,以保证筒壁直立。Z 在平板件上可取较大些,而拉深件上则应取较小些。对于具有小圆角半径的高筒壁翻边,如螺纹底孔或与轴配合的小孔筒壁,取 $Z=0.65t$ 左右,以便使模具对板料产生一定的挤压,从而保证直壁部分的尺寸精度。当 Z 增大到 $(4\sim5)t$ 时,翻边力可降低 $30\%\sim35\%$ 左右,所翻出的制件圆角半径较大,相对筒壁高度较小,尺寸精度低。适合用于飞机、汽车、轮船的窗口、门口和某些大中型件上的竖孔。这样既美观,又可减少构件的重量,同时还可以提高构件的强度、刚度。

　　翻边内孔的尺寸精度主要取决于凸模。翻边凸模和凹模的尺寸按下式计算:

$$D_凸=(D_0+\Delta)_{-\delta_凸}^{0} \tag{4-21}$$

$$D_凹=(D_凸+2Z)_{+\delta_凹}^{0} \tag{4-22}$$

式中,$D_凸$——翻边凸模直径;

　　　$D_凹$——翻边凹模直径;

　　　$\delta_凸$——翻边凸模直径的公差;

　　　$\delta_凹$——翻边凹模直径的公差;

　　　D_0——翻边竖孔最小内径;

　　　Δ——翻边竖孔内径公差。

　　通常不对翻边竖孔的外形尺寸和形状提出较高的要求,其原因是在不变薄的翻边中,模具对变形区直壁外侧无强制挤压,加之直壁各处厚度变化不均匀,因而竖孔外径不易控制。如果对翻边竖孔的外径精度要求较高时,凸、凹模之间应取小的间隙,以便凹模对直壁外侧产生挤压作用,从而控制其外形尺寸。

4.6 拉　形

拉形是飞机蒙皮常用的成形工艺，蒙皮拉形与型材拉弯相似，但是，前者材料的变形情况却比后者的要复杂得多。拉形的成形过程大致可分为三个阶段，如图 4.39 所示。

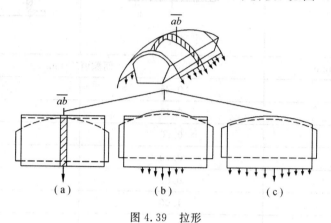

图 4.39　拉形

(a)开始阶段；(b) 中间阶段；(c) 终了阶段

　　(1)开始阶段(见图 4.39(a))。将毛料按凸模弯曲，并将毛料两端夹入机床钳口中，然后将凸模向上移动，使毛料沿弧线 ab 与凸模脊背相接触，毛料被张紧。这时，材料只有弯曲变形。

　　(2)中间阶段(见图 4.39(b))。设想将毛料沿横切面方向划分为无数条带。随着凸模上升，ab 附近的条带即首先拉长，并与凸模继续上升，与之相邻的条带就依次受到拉伸并与模具贴合。循此渐进，直到最边缘的条带也与模具贴合为止。于是整个毛料的内表面就取得了凸模表面的形状。

　　(3)终了阶段(见图 4.39(c))。毛料与模胎表面完全贴合后，再将毛料继续作少量拉伸(工作台再少量上升)，使外边缘材料所受的拉应力超过屈服点。这一阶段的目的是减少回弹，提高工作的成形准确度。

　　拉形中整个毛料基本上可以划分为两个区域：与凸模相贴合的成形区和悬空部分的传力区。由于传力区不与模具接触，没有模具表面磨擦的作用，所以毛料被拉断主要出现在传力区，特别是钳口边缘应力集中处。

　　材料在拉形过程中，沿着拉力的作用方向，拉伸变形是不均匀的，在脊背处的材料变形量最大。如果在脊背附近取一单位宽度的狭窄条带分析，那么当条带沿着钳口受拉时，必然要引起条带横向收缩。但是，由于受到两侧材料的牵制和磨擦力的阻滞，横向收缩困难，应变基本为零，因此，条带处于一种双向受拉的应力状态和一拉一压的应变状态。当纵向曲度相当大时，应变状态可能为双向受拉而厚度减薄，且沿着拉力作用方向(切向)的应变为最大主应变。

4.7 胀　形

胀形是将直径较小的筒形或锥形毛坯(一般由板料滚卷焊接而成)通过刚性分辨式凸模(见图 4.40(a))或液压(见图 4.40(b))由内往外膨胀,成形为直径较大或有曲形母线的旋转体零件。不规则形状的非旋转体零件有时也用胀形方法制造。胀形可以看作是拉形的一种特殊形式。

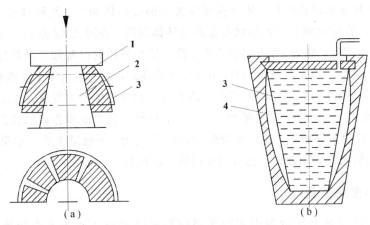

图 4.40　胀形

(a)刚性分瓣式凸模胀形;(b)液压胀形

1—分瓣凸模;2—锥形中轴;3—毛料;4—凹模

胀形用的毛坯主要由板料滚弯焊接而成,也有用杯形拉深件制成。胀形生产已有多年历史,鼓肚形的军用水壶就是利用胀形工艺生产的。飞机工厂中常用于制造副油箱的外壳。

胀形过程中,材料受到线性或平面拉应力,根据胀形模具结构,胀形工艺分为刚性凹模、弹性凸模与刚性凸模。根据胀形用的介质,又可以分为气体胀形与液压胀形。最常用的胀形方法为液压胀形和刚性分瓣式凸模的机械胀形。

(1)液压胀形。液压胀形一般是充以一定的液体并加压以使材料贴向模腔。液压胀形所需的压力 p 与零件的曲度、材料的厚度和机械性能等因素有关。由于成形后的零件一般为双曲度薄壳,所以压力 p 的数值不仅取决于圆周方向的曲度和拉应力,同时还受母线方向曲度和拉应力的影响。但是,零件母线方向的曲度一般较小,实用中为了简化计算常常忽略不计。

(2)刚性分瓣式凸模的机械胀形。这种胀形方法和液压胀形的最大区别在于刚性凸模和毛料间有较大的磨擦力,使得材料的应力应变分布不均,从而降低了胀形系数的极限位。

磨擦力对于应力应变分布不均的影响,除了磨擦系数的大小外,主要取决于毛料与模具接触包角的大小,也就是说取决于凸模的分瓣数量。

胀形成形的优点是工艺过程简单,成本低,表面光滑,适用于生产大型和中型零件,如直径 20～1 500 mm 不等的零件。

胀形成形中最大变形区材料的延伸率 ε 为

$$\varepsilon = \frac{d_{max} - d}{d_0} = \frac{d_{max}}{d_0} - 1 \qquad\qquad (4-23)$$

式中，d_{max}/d_0 为胀形系数；d_0 为胀形前的直径，它用来衡量胀形零件的变形程度。

4.8 旋压与旋薄

将板料毛坯或空心板料毛坯固定在胎具上，在板料毛坯随同胎具转动的同时，用赶棒碾压板料毛坯，使其逐渐贴紧胎具，从而获得所要求的旋转体制件，此种成形工艺称为旋压，如图 4.41 所示。旋压能加工各种形状复杂的旋转体制件，如图 4.42 所示，从而可替代这些制件的拉深、翻边、缩口、胀形、弯边和叠缝等工序。旋压所用的设备和工具都比较简单，旋压机床还可由车床改造。当生产量少、制件精度要求不高时，还可采用硬木胎模代替金属胎模。旋压广泛应用于日用品和铝制品的生产中。随着航空和导弹生产的发展，在普通旋压的基础上又发展出了强力旋压。旋压工艺多为手工操作，这种工艺要求操作者的技艺水平较高，而且劳动强度大，质量不够稳定，生产率较低，因而多用于中、小批量生产。如果遇到用成形模经济性差和制造周期长的问题时，也可用旋压的方法代替。

4.8.1 不变薄旋压

板料毛坯的厚度在旋压过程中不发生强制性变薄的旋压称为不变薄旋压，又叫普通旋压。

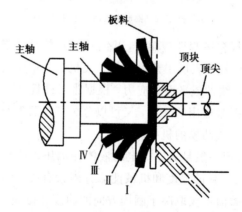

图 4.41 旋压成圆筒形制件

1. 变形特点

图 4.42 为平板板料毛坯旋压成圆筒形制件的变形过程。顶块把板料毛坯压紧在胎模上，胎模一边转，一边用赶棒碾压板料。接触轨迹由点到线，由线到面，形成螺旋线状的反复碾压，使板料逐步紧贴于胎具而成形。在碾压过程中，板料毛坯在赶棒接触力的作用下，接触点处不断地产生局部塑性变形，同时板料剖面沿赶棒加压方向产生弯曲变形。第一种变形位置沿板料呈螺旋状地由内向外移动，致使板料毛坯周向收缩和径向延伸而最终形成筒形。板料剖面弯曲则使板料毛坯周向受压，产生皱折和振动。另外圆角处板料毛坯容易变薄旋裂。图 4.42 为各种旋压制件。

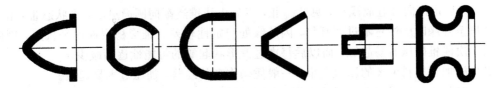

图 4.42　各种旋压制件

2. 旋压系数

旋压的变形程度以旋压系数 m 表示：

$$m = \frac{d}{D} \qquad (4-24)$$

式中，D——板料毛坯直径；

　　　 d——制件直径，当制件为锥形件时，d 取圆锥的小端直径。

极限旋压系数见表 4.9，当相对厚度 $(t/D) \times 100 = 0.5$ 时取较大值，$(t/D) \times 100 = 2.5$ 时取较小值。

当旋压制件的变形程度较大时，应在几个尺寸由大到小的胎模上分次旋压，使其逐步变形。最好通过锥形过渡，而且每个锥形胎模的最小直径应相等。旋压工艺的加工硬化程度比较严重。当多次旋压时，必须中间退火。旋压板料毛坯直径的计算可参照拉深，由于旋压时的材料变薄程度比拉深大，因此实际上取计算值的 93%~95% 左右。

表 4.9　极限旋压系数

制件形状	m
圆筒件	0.6~0.8
圆锥件	0.2~0.3

3. 旋压工艺参数

旋压件质量问题主要有板料毛坯皱折、振动和旋裂。这些问题的产生与操作赶棒技术有很大关系。合理选择旋压中的操作参数是旋压工艺设计的主要问题。

操作参数包括主轴旋速、赶棒对板料的压力和移动速度、碾压的过渡形状及操作动作。

主轴旋速大小与材料的种类及性能、板厚和胎模几何尺寸均有关系。旋速过低，易倒伏，板料毛坯不稳定。旋速增加达到一定值时，板料毛坯稳定。旋速过高，赶棒与板料接触轨迹过长，易使板材厚度变薄。板料毛坯直径较大、厚度较小时，主轴旋速可取较小值，反之取较大值。主轴旋速合理经验值见表 4.10。

表 4.10　主轴旋速合理经验值

材　料	主轴旋速/(m · min^{-1})
软钢	400~600
铝	800~1 200
硬铝	500~900
铜	600~800
黄铜	800~1 100

碾压的过渡形状如图 4.41 所示，首先碾压板料毛坯的内缘，使其靠向胎模底部圆角，见

状态Ⅰ，然后由内向外赶成浅锥，见状态Ⅱ，以后由浅锥逐渐向圆筒过渡，见状态Ⅲ，Ⅳ，Ⅴ等。碾压至外缘时应注意不过多赶料，因外缘处稳定性较差。锥形稳定性比平板好，因此平板向第一次浅锥碾压时易起皱，而以后每次过渡形状起皱的可能性逐渐减少。

赶棒施加于板料毛坯的压力大小，一般凭操作者的经验，加压过大易起皱。

旋压时赶棒与材料间有剧烈的摩擦，需用润滑剂加以润滑，常用的润滑剂有肥皂、黄油、蜂蜡、石蜡和机油等混合物。

4.旋压方法及胎具

旋压胎具取决于制件的形状和尺寸。赶棒和旋轮也是重要的工具零件。如图4.43所示为旋压机上使用的各种赶棒和旋轮。如图4.44所示为不同制件的旋压方法和胎具。

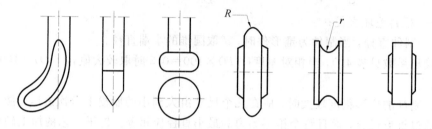

图4.43 旋压机上使用的各种赶棒和旋轮

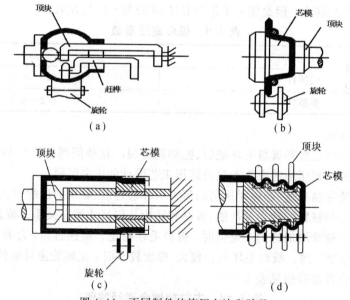

图4.44 不同制件的旋压方法和胎具

(a)凸形件的胀形旋压；(b)卷边旋压；(c)凹形件的缩口旋压；(d)螺纹的旋压

4.8.2 变薄旋压

板料毛坯的厚度在旋压过程中被强制变薄的旋压即为变薄旋压，又叫强力旋压。变薄旋压主要用于加工形状复杂的大型薄壁旋转制件，加工质量比普通旋压要好。

1.变形特点

变薄旋压的成形过程如图4.45所示，旋轮通过机械或液压传动，沿模板的一定轨迹移动，旋轮与心模间保持着变薄规律所规定的间隙。施加于板料毛坯的压力高达 2 500 N/mm² ～

3 500 N/mm²。板料毛坯在旋轮压力的作用下,按心模外形逐渐成形。此时材料的厚度被压薄而产生预定的变薄,面积增加的效果表现为轴向的延伸变长。材料的应力状态是三向受压。由此可见,变薄旋压与普通旋压和其他冲压方法有很大的差别:第一,在旋压成形过程中,板料毛坯的外径始终不变且凸缘其他部位均不产生收缩变形,不存在起皱的问题。所以变薄旋压可加工出直径和深度很大的制件;第二,变形过程中制件的表面积增加是通过同一半径处的板料毛坯变薄延伸来实现的,因而省料;第三,经变薄旋压的材料晶粒紧密,提高了材料的组织性能,表面质量和成形精度都较高。

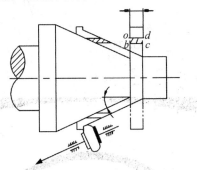

图 4.45　变薄旋压的成形过程

2.变薄系数

变薄旋压前后,板料毛坯与制件形状的对应关系、板料毛坯厚度 t_0 与制件厚度 t 的关系为

$$t = t_0 \sin\alpha \tag{4-25}$$

式中,α——心模半锥角。

变薄旋压的变形程度用变薄率 ε 来表示。

$$\varepsilon = \frac{t_0 - t}{t_0} = 1 - \frac{t}{t_0} = 1 - \sin\alpha \tag{4-26}$$

由式(4-26)可见,对于锥形件也可用心模半锥角表示其变薄旋压的变形程度。

3.变薄旋压件的毛坯尺寸计算

(1)锥形件。其板料毛坯尺寸主要是确定厚度。若板料毛坯是圆形,则圆板的厚度 $t_0 = t/\sin\alpha$,圆板直径等于锥形件的最大直径,考虑修边可适当增加。锥形板料毛坯的直径自然应当等于锥形件的直径,板料毛坯的半锥角 β 和厚度 t_1 应满足下列关系:

$$\frac{t}{t_1} = \frac{\sin\alpha}{\sin\beta} \tag{4-27}$$

(2)母线为曲线的旋转体件。其心模半锥角 α 在母线上对应各点具有相应的数值,可由母线方程式中求得。如图 4.46 所示为这类制件壁厚与板料毛坯厚度的定性关系。

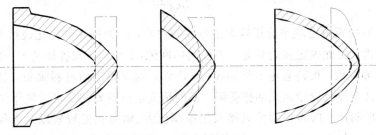

图 4.46　旋压的壁厚关系

（3）半球形等厚件。如图 4.47 所示，可用下式计算板料毛坯各半径值所对应的厚度 t_0：

$$t_0 = \frac{t}{\sin\alpha} \qquad\qquad (4-28)$$

$$r = R\cos\alpha \qquad\qquad (4-29)$$

确定 t_0 时可以通过确定一定数量的点来计算，并按图 4.47 的方法画出板料毛坯图。在 α 接近 0 处的板料毛坯边缘，为防止变薄率过大，同时又对成形有利，可采用一定曲率的弯缘，并适当加大厚度，但要保持该处压缩量不超过 50%。

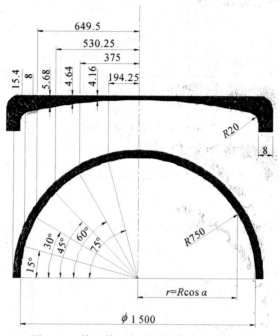

图 4.47　旋压等厚半球面壳体毛坯的计算

（4）母线为抛物线的等厚制件。采用如图 4.48 所示的方法求出板料毛坯尺寸。其中各处厚度 t_0 由下式计算：

$$t_0 = t\sqrt{\frac{x}{\rho}+1} \qquad\qquad (4-30)$$

式中，ρ——抛物线焦点到坐标原点的距离；

x——制件母线距 y 轴坐标值。

取不同的 x 值后，y 值按下式计算：

$$y = 2\rho\sqrt{\frac{x}{\rho}} \qquad\qquad (4-31)$$

若要用等厚的板料毛坯来旋压这类曲母线制件时，应根据 α 的变化规律和正弦律，计算各处的制件厚度，由此确定各处旋轮与心模间的间隙（$Z=t$），t 在各处是不一致的。若 $Z>t$，则出现材料拉伸现象，板料毛坯不易贴模；若 $Z<t$，则旋轮面前材料聚集，易导致旋轮碾压后材料破裂，甚至导致旋轮碾压动作受阻。Z 的精度是由精确的靠模装置作保证的。

（5）圆筒形制件。圆筒形制件只能采用壁厚较大、轴向长度较短以及内径与制件相同的圆筒形板料毛坯，如图 4.49 所示。计算板料毛坯时按体积相等的原则并考虑修边量。

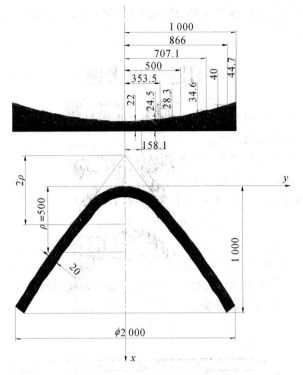

图 4.48　旋压等厚抛物线壳体毛坯的计算

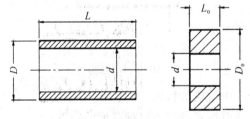

图 4.49　旋压圆筒件的毛坯

4.刚球变薄旋压

对某些细长薄壁的旋转制件，采用钢球代替旋轮效果更好。钢球旋压的原理如图 4.50 所示。

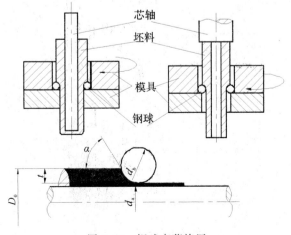

图 4.50　钢球变薄旋压

钣金零件成形方法还包括落压成形、橡皮成形、热成形、爆炸成形、超塑成形和整体壁板成形等,在此就不一一详述。

习题与思考题

1.试分析冲裁间隙对断面质量、冲裁力和尺寸精度的影响。

2.试分析影响压弯件精度的因素。

3.简述折弯成形工艺过程及保证成形件精度方法。

4.简述单曲度蒙皮的滚弯和型材滚弯工艺方法。

5.一圆筒形零件采用防锈铝板料经拉深、再拉深而成。零件的高度为 132 mm,直径为 62 mm,零件壁厚为 0.4 mm,试求(不考虑壁厚变薄):

(1)毛料直径取多大?

(2)设极限拉深系数为 0.56,是否需要多次拉深?如果需要,需几次?

6.翻边程度用什么量来描述?是什么量限制了翻边的变形程度?

7.试计算翻边底孔 d,材料:低碳钢,如图 4.51 所示。

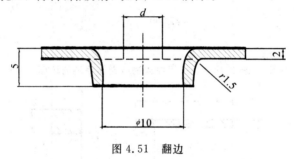

图 4.51　翻边

8.简述拉形过程中的三个阶段的作用。

9.简述液压胀形和刚性分瓣式凸模的机械胀形的特点。

10.旋压工艺操作参数有哪些?选择主轴转速大小应考虑哪些因素?

第5章 飞机结构连接技术

连接技术是任何机械部件不可避免的制造技术。在飞机结构连接中它主要包括螺栓连接、铆接、胶结和焊接等多种工艺技术。螺栓连接主要用于重要的承力结构连接;铆接是飞机机体重要的连接方法,但由于铆钉头的附加重量及钉孔引起应力集中,使疲劳强度较低,促使其他连接方法(胶结与焊接)的迅速发展;胶结是一种先进的连接方法,其优点几乎正是铆接的缺点,胶结重量轻而应力集中最小、疲劳强度高,其缺点是剥离强度低,可靠性尚不如铆接;焊接与其他金属的连接方法(如铆接和螺钉连接等)相比较,具有节约金属材料、生产效率高及能保持水密和气密等优点。

本章主要介绍飞机制造中广泛采用的胶结、焊接和铆接技术。介绍胶结技术特点、胶结原理、飞机上常用的胶结接头形式以及胶结工艺;焊接技术方法的分类、各自的特点及其应用;普通铆接、无头铆钉铆接和自动铆接方法及其特点。

5.1 胶结技术及其应用

现代工业尤其是航空航天工业发展的需要,促进了结构黏合剂和胶结技术的迅速发展。60多年来,胶结已成为结构件主要连接方式之一,在航空领域广泛应用。使用实践证明,胶结连接可以改善飞机的疲劳性能,减轻重量,降低飞机制造成本。对于某些零部件,胶结甚至是唯一可用的连接方式。

5.1.1 胶结技术的特点

胶结方法与传统的连接方法相比,具有独特的优点,是其他连接方法所无法代替的。在通常情况下,胶结可作为铆接、焊接和螺栓连接的补充;在特定条件下,可根据设计要求提供所需的功能。胶结具有的主要优点如下。

(1)胶结适用的材料范围广。胶结可连接不同材料(金属-金属、金属-非金属),被连接件厚度可不等,不受装配件厚度(厚度差)的影响,并可进行多层连接。

(2)胶结使表面平滑,具有良好的气动性能。铆接时铆钉头凸起,点焊时焊接点的凹陷等都引起局部结构变形,从而影响飞机的气动性能。相对于以上连接方式而言,胶结克服了这种缺点,保持表面平滑,具有良好的气动性能。

(3)胶结能最充分地利用被黏材料的强度。由于胶结不需要铆接和螺栓连接中的过孔,因此，不会减小材料的有效横截面积；胶结操作温度低，可避免焊接时高温引起的结构变形和金相组织的变化，或者涂层、退火状态的破坏。因此，胶结能充分利用板材，尤其是高强度材料的全部强度。

（4）胶结构件有效地减轻了重量。由于不用铆钉、螺栓而减轻了接头的重量。由于胶结件受力均匀，可采用薄壁结构，也极大地减轻了结构重量。F-86D飞机减速板铆接改为胶结，重量由12.5 kg减少到8 kg。某型机机身胶结，重量减轻15%，费用节约25%～30%，某预警飞机雷达罩采用胶结结构，重量减轻20%。

（5）胶结能提高接头的疲劳寿命。黏合剂均匀分布于胶结面上，无螺孔和焊缝，不会产生局部应力集中，提高了接头的疲劳寿命。而且胶结构件中，疲劳裂纹的扩展速度很慢。这一优点使胶结在飞机制造中获得了广泛的应用。美国沃特公司研制的翼盒分段件（由V形梁和叠层胶结蒙皮组成），其使用寿命延长两倍以上。

（6）胶结接头耐环境能力强。由几种金属材料构成的连接，采用胶结可避免金属接触电偶产生的电化学腐蚀。胶结本身也不存在化学腐蚀。胶结对水、空气及其他介质有良好的密封性能，减少了介质对接头的腐蚀，从而提高了接头的耐环境能力。

（7）胶结工艺简单。对操作的熟练程度要求低，生产易自动化，成本低，1 000 kg黏合剂可节约5 000 kg金属连接材料，节省5 000～10 000个工时。

胶结也存在某些不足，例如，黏合剂的主材料一般是高分子材料，因此，胶结强度较低，远不如金属材料；使用温度也较低，一般在-50～150℃范围内，只有耐高温黏合剂才可长期工作于250℃，或者短期工作于350～400℃；胶结接头强度受影响的因素多，对材料、工艺条件和环境应力极为敏感；接头性能的重复性差，使用寿命有限。

5.1.2　胶结机理

胶结技术是一门古老的学科，但是，胶结机理的研究却是近百年来才开始的，直至20世纪40年代才相继提出了几种学说，其中主要的理论有吸附理论、静电理论和扩散理论。20世纪60年代前后建立并逐步完善了化学键理论、弱界面层理论、机械结合理论和黏合剂流变学理论等。

1.胶结接头的结构组织

胶结接头是一个复杂体系，许多学者根据接头的微观结构，以接头材料组成的分布梯度，将其划分为五层，甚至细划为九层。其结构如图5.1所示。

接头是研究胶结机理的对象，但是，用接头强度数据来研究胶结机理，存在许多困难，因为接头的性能与胶结现象难于分离。例如，胶结强度一般大于塑性材料的强度，接头破坏发生在被黏材料或界面上；对于高强度的金属材料，接头破坏经常发生在黏合剂层内或黏附界面上，因此，很难确定实际的胶结强度。而且被黏材料与黏合剂之间界面区的几何尺寸很小，也很难测出其中的胶结强度。

当接头受到外力作用时，应力就分布在接头的各个层间结构中。接头强度与接头每一部分的内聚力及其相互间的黏附力有关。对组成接头的任何一部分的破坏都将导致对接头的破坏。在胶结机理研究中，必须区分界面黏附力与各个材料区域的内聚力，以期获得准确的数据。

2.胶结理论

(1)胶结的几种理论。

1)吸附理论。吸附理论是以表面吸附、聚合物分子运动及分子间作用等理论为基础,认为胶结作用是黏合剂分子与被黏物分子在界面层上相互吸附产生的,胶结作用是物理吸附和化学吸附共同作用的结果,而物理吸附则是胶结作用的普遍性原因。

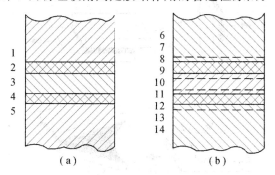

图 5.1　胶结接头结构

(a)五层结构示意图;(b)九层结构示意图

1,5—被黏物本体;2,4—界面层;3—胶层;

6,14—被黏物本体;7,13—被黏物接近界面的原子层;

8,12—界面层;9,11—受界面影响顶黏合剂边界层胶层;

10—不受影响顶黏合剂本体

2)静电理论。静电理论认为,在胶结接头中存在双电层,胶结力主要来自双电层的静电引力。

3)扩散理论。扩散理论认为,黏合剂和被黏物分子通过互相扩散而形成牢固的胶结接头。

4)机械结合理论。机械结合理论认为,液态黏合剂充满被黏物表面的缝隙或凹陷处,固化后在界面区产生啮合连接,如图 5.2 所示。

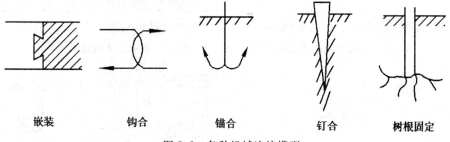

嵌装　　　　钩合　　　　锚合　　　　钉合　　　　树根固定

图 5.2　各种机械连接模型

(2)材料表面能对胶结特性的影响。被黏物表面能是指将相邻原子平面分开形成单位面积表面所需的能量。聚合物等高分子材料属于低表面能材料,而金属等无机材料是高表面能材料。低表面能的黏合剂液体可以较好地浸润高表面能材料的表面而获得牢固原胶结接头。低表面能材料通常是难黏材料,可以通过特殊的表面处理方法来改变表面性能(提高表能），从而获得较高的黏结强度。

5.1.3　胶结接头的结构

胶结的特性是剪切强度高、耐疲劳强度高和破坏安全性能好，但剥离强度低，影响胶结强度的因素很多。胶结接头的受力形式主要有四种，如图 5.3 所示。

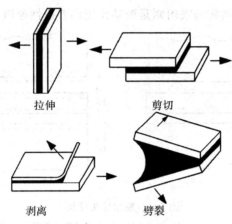

图 5.3　胶结接头典型受力情况

胶结接头设计时应扬长避短，切忌简单套用铆接、螺接等机械连接形式。典型胶结接头的形式有对接接头（见图 5.4）、搭接接头（见图 5.5）、槽接接头（见图 5.6）、管接接头（见图 5.7）、角接接头（见图 5.8）、T 形接头（见图 5.9）和平面胶结（见图 5.10）等。飞行器上常见的胶结接头的结构形式如表 5.1 所列。

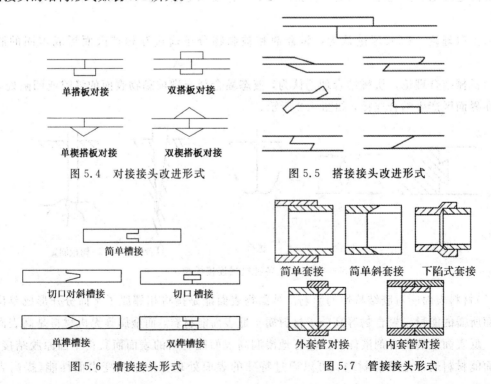

图 5.4　对接接头改进形式　　　　图 5.5　搭接接头改进形式

图 5.6　槽接接头形式　　　　图 5.7　管接接头形式

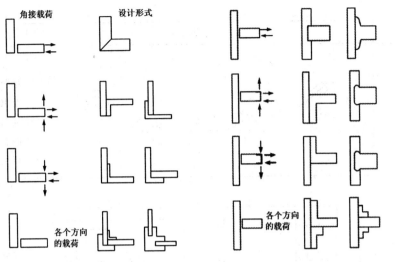

图 5.8 角接的受载方向与接头形式   图 5.9 T 形接头受载方向与接头形式

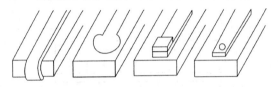

包头　　端部加宽　　端部加厚　　端部加铆

图 5.10 平面胶结的四种防剥离接头形式

表 5.1 飞机上胶结接头的常见形式

接头类型	图示方式	应用对象
板-桁条胶结		壁板
板-板搭接		壁板及接头
板-板对接（有盖板）		框与蒙皮连接
板-板多层胶结		蒙皮、肋及框腹板

续表

接头类型	图示方式	应用对象
波骨板胶结	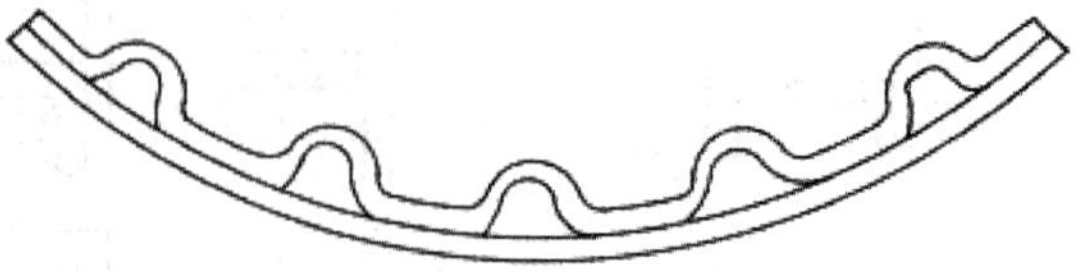	机翼和中央翼吊挂、扩散器，以及其他具有气流或液体循环管道的组合件、刚性口盖
骨架-板胶结	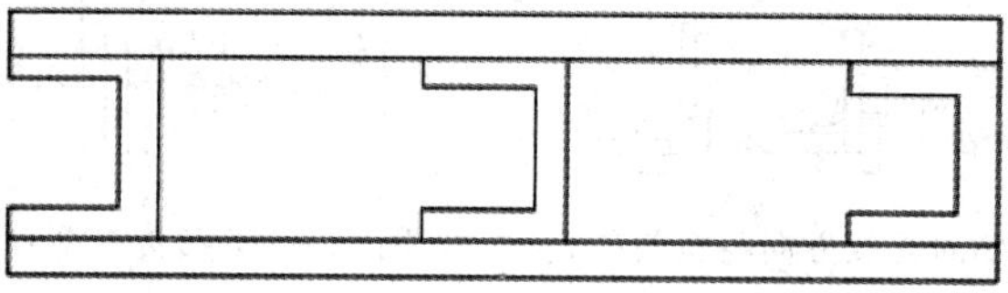	操纵面及夹层壁板
板-芯胶结	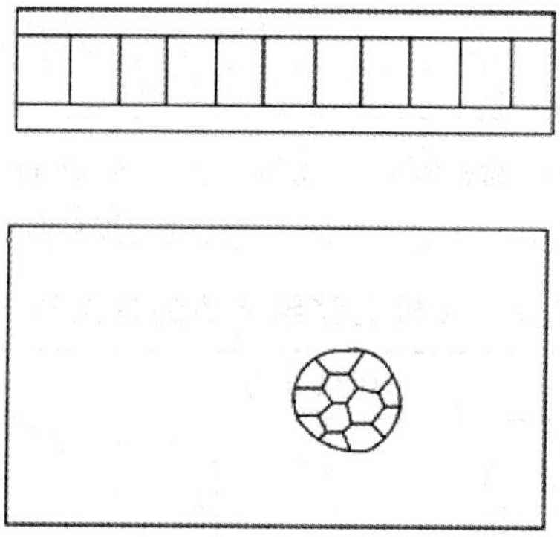	机尾翼操纵面、桨叶尾段、机身壁板及侧壁版
骨架芯材胶结	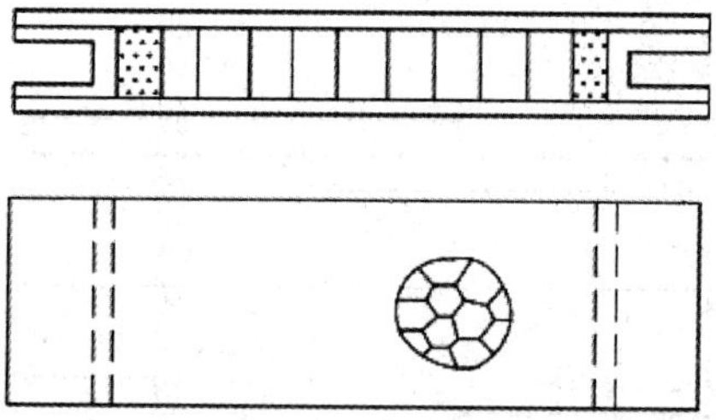	机尾翼操纵面、桨叶尾段、机身壁板及侧壁版
芯材拼接	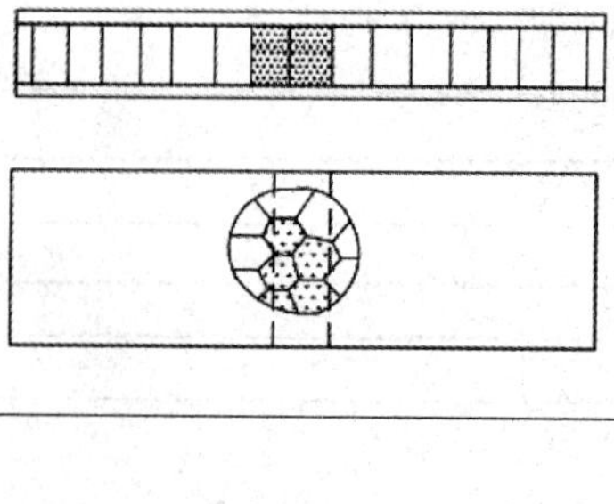	大尺寸蜂窝芯材零件

续表

接头类型	图示方式	应用对象
灌注料封边	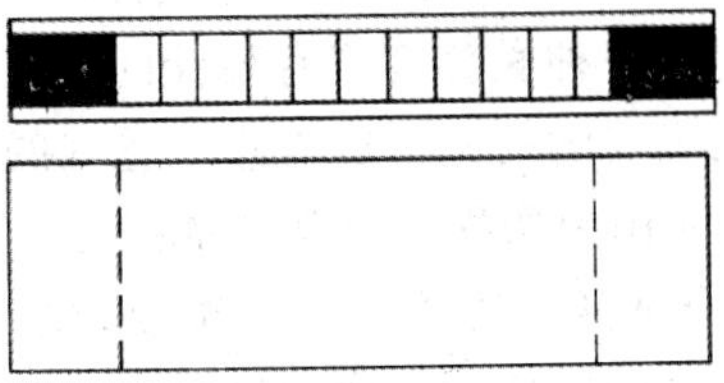	地板、舱门、口盖
嵌入件胶结 (局部填充增强)	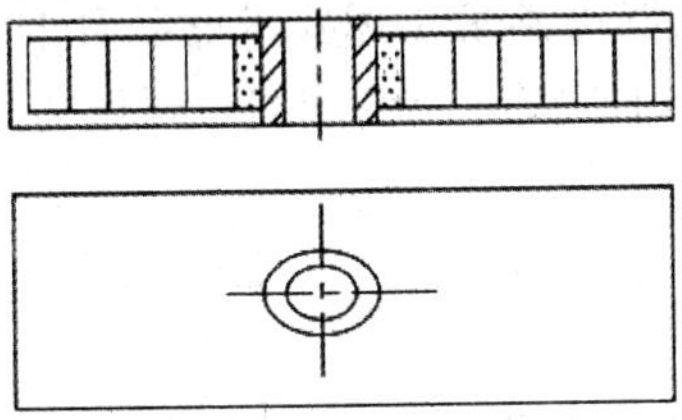	地板、舱门、壁板
板-桁条胶铆 (或胶螺连接)	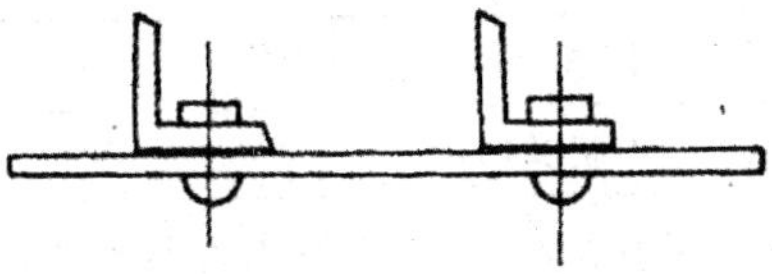	壁板、框-蒙皮连接
板-板胶铆 (或胶螺连接)	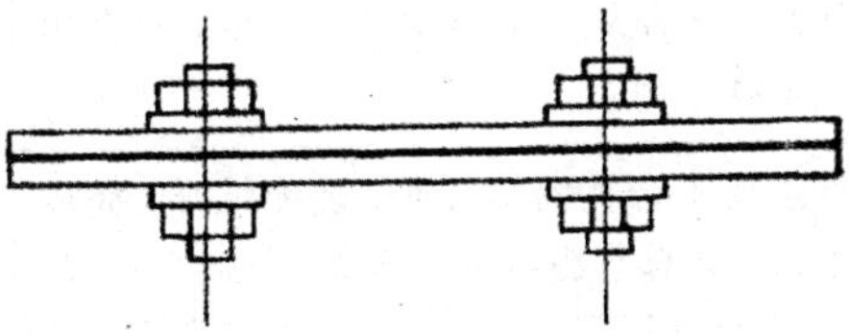	机身蒙皮对接
板-桁条胶焊接 (胶结-点焊)		机尾翼壁板

5.1.4　黏合剂的选择

黏合剂是一类由富有黏性的物质为基料，并加入各种添加剂组成的材料。它能将不同材质的两个物体胶结在一起，而且接头部分具有足够的强度，使胶结件不易分离。黏合剂品种繁多，性能各异。要根据被黏材料的性质、接头的用途及环境应力、体系固化时许可的工艺条件，来正确选用黏合剂。这是非常重要的，也是保证胶结成功的关键因素之一。

(1)根据被黏材料的性质选择黏合剂。一是根据被黏材料的化学性质选择黏合剂。被黏材料的化学性质包括被黏材料的分子结构、极性和结晶性。二是根据被黏材料的物理性能选择黏合剂。被黏材料的物理性能包括被黏材料的表面张力、溶解度、脆性、刚性、弹性和韧性。

（2）根据接头的功能要求选择黏合剂。胶结接头的功能要求是多方面的。一般包括高机械强度、耐热、抗油、防水、导电和耐环境应力等。选用的黏合剂也必须具有相应的功能。

（3）根据许可的固化条件选择黏合剂。黏合剂固化过程的温度、压力和时间是影响胶结强度及其他性能的三个主要因素。每一种黏合剂都有最佳的固化条件。在实际生产中，某些有特殊限制的应用场合影响了固化工艺的实施，必须选择适宜的黏合剂，或适当地改变固化工艺。因此，应将这类固化工艺条件作为选择黏合剂的依据之一。

总之，胶结接头设计时，黏合剂的正确选用十分重要，在一定程度上决定了接头设计的成败。选择黏合剂的几条原则应灵活应用。一般情况下，首先根据被黏材料的可粘性来确定黏合剂的类型；其次按接头功能选取可满足指标要求的黏合剂；最后根据实施工艺可能性，最终确定选用的黏合剂。当无法找到适宜的黏合剂时，则可通过开发新的黏合剂、新的表面处理方法和新的黏结工艺来解决。

5.1.5 胶结工艺过程

胶结结构制造的典型工艺流程及其主要工序内容见表 5.2。

表 5.2　胶结典型工艺流程

工艺名称	工序内容	要　求
预装配	对所有被黏零件进行预装及修配	保证各胶结表面配合良好
胶结表面处理	对所有被黏零件的胶结表面应进行相应的专门表面处理，清除表面油污及对胶结不利的氧化层	形成活性强的胶结表面并防止污染
配胶及涂布	涂胶前，对单组分黏合剂可按需调整其黏度，对多组分黏合剂按需配搅拌均匀	黏合剂应涂布均匀，无气泡，并严格控制用胶量
装配组合	对已涂胶零件按要求合拢胶结表面，装配组合，完成固化前的封装工作，如真空袋系统封装等	按预装配的定位记号装配，真空袋系统应符合气密要求
固化及清理	所用的热固性树脂黏合均须加温加压，以完成交联固化，形成坚固的胶结连接，室温固化树脂黏合剂也须在室温下停放一段时间，才能交联固化充分，对已固化的胶结构件须清理其表面及周边，并进行修边	严格控制固化参数，确保固化充分，清理时不能划伤胶结构件表面
无损检测	对胶结构件的胶结质量（包括胶结构件几何外形及胶层质量）作无损检验，已检验合格的胶结构件，一般对其胶层边缘进行密封保护	严格防止漏检，胶层边缘应密封可靠
组装连接	某些胶结构件还须与其他零组件进一步组合装配（铆接、螺接等），成为一个完整的组合件或独立部件	连接装配时应尽量减小对胶结的不利影响，不能损伤胶结部分

1. 预装配

对产品进行预装配是为了检查零件间的协调关系和胶结面的贴合程度，并进行必要的修配，以达到装配准确度要求。

胶层的厚度严重影响胶缝强度，胶层应当薄而均匀，厚度一般应在 0.01～0.25 mm 范围内，最好在 0.1 mm 以下，若胶层再厚，则胶层产生蠕变、内应力、热应力和气泡的趋势增大，因而产生缺陷的可能性增大，胶结强度将显著降低。因此，胶结零件间配合的间隙要小而均匀，即零件间的协调精度要高。如果零件配合不好，则应进行修配，考虑到固化前胶膜的厚度和固化后胶层的厚度，预装配时，对不同配合部位的装配间隙有不同的要求。例如，金属与金属面之间允许的装配间隙为 0.15～0.25 mm，一般应为 0.2 mm；蒙皮与蜂窝芯子间允许的间隙为 0.1 mm；芯子比相邻的金属件要高 0.05～0.2 mm，一般为 0.1 mm。在预装配中，要放置代替胶膜厚度的垫片，零件经检查和修配合格后，再拆开进行胶结表面处理。

2. 胶结表面处理

零件表面的清洁和表面状态对胶结质量（强度、耐久性）有决定性影响。胶结前表面处理的目的是除去表面污物，改变表面粗糙度，改变表面化学性质，提高表面防腐能力。

3. 涂胶

在处理好的金属表面上应及时涂一层薄薄的底胶。其作用是保护表面，防止环境污染和湿气吸附，延长所处理好表面的存放时间，浸润表面，渗入表面膜层，增强黏附作用，又与黏合剂相容而形成一个界面区，提高界面的胶结强度；升温时产生黏性的底胶可用做胶结零件定位或固定的工艺措施；含有腐蚀抑制剂的底胶将改善界面防腐蚀性能，尤其是提高耐湿性。

底胶厚度属于分子层厚度。例如，一般要求固化后的厚度为 0.005～0.015 mm，最薄的仅为 0.001 25 mm。

除涂底胶外，也有的表面是涂偶合剂、胶结促进剂等其他表面化学处理剂。

零件涂底胶后，在规定的时间之内涂胶。涂胶的方法视黏合剂的供应状态（液状、糊状、膜状和粉状）、胶缝特点以及产量大小而定。对胶液要求涂均匀。每涂一层胶后，都要经过晾干或烘干，以除去溶剂和水分，还要防止胶液流失。一般通过控制单位面积上的胶液用量以及干燥后的胶层重量来控制胶层的厚度。最好采用无溶剂胶膜，以得到溶剂含量少、厚度均匀的胶层，从而可大大提高胶结质量。胶膜可以热贴在零件上。贴放时要防止卷入空气。卷入的空气成气泡时，应穿透胶膜将空气排出。

4. 装配

在胶结模具或夹具中组装全部零件，定位并夹紧。在代表胶缝最高和最低温度处安放热电偶，以监测固化温度。在热压罐中固化者，装接抽真空和排气管路，并装接真空表、压力表和压力传感器等以监测固化压力。在工作与模具、夹具之间放防黏的隔离薄膜，在工件上面及四周放分压及透气吸胶的垫物，分压材料多是穿孔的薄膜，既有隔离作用又可透气。透气层材料多是经过处理的玻璃布或松孔织物，它可以形成真空通道，又可以吸去多余的胶。最后盖上真空袋薄膜，它一般是透明的耐热尼龙薄膜，四周用密封胶带密封，形成真空袋，将工件装在内。检查真空袋和真空系统的气密性。送进热压罐后，检查加压系统的密封性。

5. 固化

结构黏合剂的主要成分是热固性树脂，一般都需要加温、加压固化。温度、压力和时间参数对胶缝强度有决定性的影响。要严格控制加热温度和时间。温度过高，会促使胶热老化、发脆;温度过低,不仅反应慢,还会因固化反应不充分而达不到应有的强度。升温速率也影响固化反应过程。加温过程中应加一定的压力,通过加压使零件贴合,控制胶层厚度,防止胶层出现疏松和气泡。加压还可以增进胶对金属表面的润湿和对金属表面氧化层微孔的渗透能力。固化压力取决于黏合剂种类和工件的尺寸、形式。对钣金胶结件,压力范围一般为 $1.96 \times 10^5 \sim 9.81 \times 10^5$ Pa;对于夹层壁板,压力范围则视夹芯密度而定。

对含有溶剂和流动性大的黏合剂,常采用二次固化,第一次固化温度较低,时间较短,以排除溶剂,或使胶部分预固化来降低流动性,第二次则根据黏合剂的固化要求,采用较高的温度、压力进行较长时间的固化。固化开始时要有初压;固化反应完成后,先降温,一般降到 $60 \sim 70 \, ^\circ \mathrm{C}$ 以下,再卸压。在热压罐中固化时,当罐中压力升到规定压力后,停止在真空袋内抽真空,而将真空系统接通大气,以免黏合剂在真空状态下产生气泡而造成胶层疏松,或因流动性增大面造成钣金件边缘贫胶。

5.1.6 胶结工艺装备及协调线路

胶结工艺装备主要包括固化模胎、铣切模胎、装配与检验型架等。胶结工艺装备是制造胶结构件和保证构件制造质量所必不可少的。

1.胶结工艺装备特点

胶结工艺装备除应具有一般工艺装备的定位、夹紧功能外,还应具有下列特点。

(1)应考虑胶结件的胶层厚度影响。特别是固化前的胶层厚度,将给胶结件的定位夹紧带来困难;固化后的胶层厚度累积,又易引起构件剖面尺寸"肥大"。

(2)应能承受黏合剂的固化温度带来的影响,包括模胎承力后的热刚度,以及线性热膨胀影响等。

(3)应能承受黏合剂的固化压力,或是真空负压的作用。

2.胶结工艺装备的技术要求

(1)在工作状态下(如固化模胎处于加温、加压条件下)应具有足够的刚度,以保持形状一定。

(2)工作型面应有较高的加工精度,形状精确,与产品零组件协调一致。

(3)固化模胎的热容量小,传热良好、均匀。材质应与金属胶结件相同或接近,以减小线膨胀系数差异。

(4)固化模胎与具有真空平台功能的蜂窝芯材铣切模胎,在工作部位应具有良好的气密性,并易于实现密封。

(5)需要在装配型架上完成加温固化作业时,必须妥善处理好热膨等其他问题。应保证加温时温度场均衡,且胶结件能在型架上胀缩自如。

(6)固化模胎和铣切模胎应易于搬运。

(7)装配型架可与检验型架合二为一,以减小工艺装备数量及协调环节。必要时,可在固化模胎上增加附件,使之兼具检验功能。

3.胶结工艺装备的类别和用途

胶结工艺装备的类别、用途与功能见表5.3。

表 5.3　胶结工艺装备的类别与用途

工艺装备类别	用　途	主要功能
固化模胎	胶结件装配与固化	·零件定位与夹紧 ·封制真空袋，抽真空密封 ·送入加热罐或加热炉进行加热 ·有时兼作外型检验
铣切模胎	蜂窝芯材毛坯铣切	·芯材毛坯工艺蒙皮定位及抽真空吸附压缩 ·采用预变形方法加工时，应带有相应的型面外形 ·可能带有加热或冷却装置，用于对芯材固持介质进行加热或冷却
装配与检验型架	胶结装配或胶结件外形检验	·零件(胶结件)定位与夹紧 ·需要时在型架上完成胶结固化工序(如，旋翼梁与后段件胶结) ·检验胶结件外形

(1)固化模胎。固化模胎的基本组成部分及功能见表 5.4 和图 5.11。

表 5.4　固化模胎组成部分及功能

组成部分	功　能
模体	为固化模胎的主体，须能承受固化压力，工作面即为胶结构件一侧的型面，并在其上定位装配芯、零件，有时还安装检验卡板
芯模	用于定位和支撑胶结零件，传递均匀的固化压力，保证胶结部位受压，且不致压损零件
定位件	如定位销、定位块等，用以确定胶结零件的相对位置并予以固定，避免固化时窜位
压紧件	用于压紧零件，有时还起定位作用，螺旋压紧装置应有防松措施
检验卡板	预装配时可用以检验和确定胶结零件之间的相对位置及配合质量，胶结固化后可用以检验胶结构件的外型质量。卡板外形一般都有等距间隙
钻模板	用于装配时钻孔
硅橡胶或铅板	用于填充芯模之间的间隙

(2)铣切模胎。铣切模胎用于固持蜂窝芯材毛坯(或半成品)，并在其上完成蜂窝零件的机械加工。

(3)装配型架。金属胶结构件使用的装配型架有如下两种。

1)不含加温胶结固化工作内容的装配型架。金属胶结构件的装配型架结构与通常的铆接型架相同，但由于胶结件本身不能进行工艺补偿，且外形有可能出现正公差，因此，某些外形定位件(如外形卡板、边缘定位器等)尺寸应考虑补偿。

2)含有加温胶结固化工作内容的装配型架。例如，直升架桨叶的总装配型架，需要在型架上完成桨叶大梁与蜂窝后段件的胶结装配与固化工作。固化加热温度近 180 ℃，固化时间 2～3 h。桨叶长达 10 m，因加热引起的线膨胀将极为可观。此时，胶结装配型架结构除大体与铆接装配型架类似外，还应满足下列胶结特殊要求：

A.应附设加温手段，加温区温度应均匀可调，并能自动测温记录；

B.固持在装配型架上的胶结构件应能随温度升降而自由胀缩；

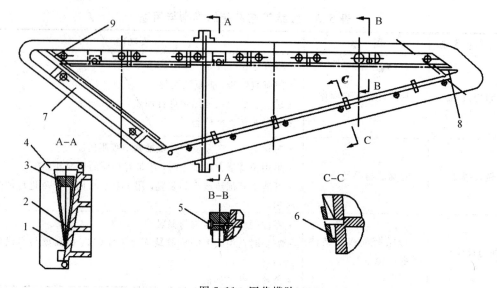

图 5.11　固化模胎

1—定位销；2—模体；3—芯模（分段）；4—检验卡板；5—钻模板；

6—压板；7—根肋芯模；8—尖肋芯模；9—硅橡胶或铅板

C. 在胶结固化过程中，随着温度的变化及胶结件的胀缩，压紧件应始终有效工作，压力可自行补偿，保证规定的固化压力；

D. 对某些定位件尺寸也应考虑有所补偿。

如图 5.12 所示为主桨叶胶结装配型架示意图。图中电加热压板用于桨叶后段件与桨叶梁胶结的加温加压；加压辊轮及定位辊轮用于对后段件后缘加压，并允许后段件沿展向胀缩；压紧弹簧及弹簧弓形夹用于胶结加压，并能自动补偿压力。

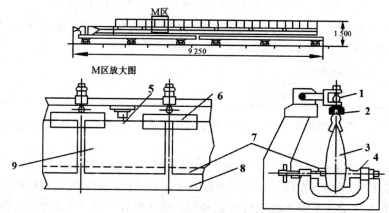

图 5.12　主桨叶胶结装配型架示意图

1—压紧弹簧；2—加压辊轮；3—主桨叶；4—弹簧弓形夹；5—定位辊轮；

6—人字压板；7—电加热夹板；8—桨叶梁；9—桨叶后段件

（4）检验型架。金属胶结件使用的检验型架，用以检查金属胶结件的外形、交点位置和某些关键尺寸，其功能和结构均与铆接件的检验型架相同。由于胶层厚度的影响，以及胶结时剖面外形一般以骨架为基准，金属胶结件易形成正公差，检验卡板与胶结件外形之间应留等距间隙 3 mm。

5.2　焊接技术及其应用

　　焊接技术是指通过适当的手段，使两个分离的物体（同种材料或异种材料）产生原子或分子间结合而成为一体的连接方法，已成为制造业中不可缺少的基本制造技术之一。焊接通常分为熔焊、压焊和钎焊三类，用熔化法的称为熔焊，按所用热源分，有电弧焊、电渣焊、气焊、等离子焊接、电子束焊接及激光焊接等；用加压法称为压焊，如接触焊、摩擦焊、锻焊和冷焊等；利用熔点较焊件低的焊料和焊件连接处一同加热，使熔化的焊料渗入并填满连接处间隙而达到连接称为钎焊，如铜焊、银焊、锡焊、超声波钎焊及真空钎焊等。

　　焊接与其他金属的连接方法（如铆接和螺钉连接等）相比较，具有节约金属材料、生产效率高及能保持水密和气密等优点。它广泛应用于飞行器零、部件的制造。氩弧焊是最基本的焊接方法之一，它用于制造导弹燃料储箱、发动机、高压气瓶和导管等。飞行器燃料储箱及发动机的燃烧室、稳定器与喷管上的大量点焊与滚焊结构，则采用压焊方法，其成本低，易于实现机械化和自动化操作。

　　随着现代科学技术的发展，许多焊接新技术应运而生，它们在飞行器的制造工艺中有重要地位，不仅提高了飞行器产品生产质量和使用的可靠性，而且极大地提高了飞行器产品的生产率。

5.2.1　电弧焊

　　电弧焊包括有焊条电弧焊、埋弧焊、钨极气体保护焊、熔化极气体保护焊和等离子弧焊等。它是目前应用最广泛的焊接方法。

　　绝大部分电弧焊是以电极与工件之间形成的电弧作为热源的。在形成接头时，根据需要可填充金属。所用的电极是在焊接过程中熔化的焊丝时，叫作熔化极电弧焊，诸如焊条电弧焊、埋弧焊和熔化气体保护焊等；所用的电极是在焊接过程中非熔化的碳棒或铬棒时，叫作不熔化极电弧焊，诸如钨极氩弧焊、等离子弧焊等。

5.2.2　电阻焊

　　电阻焊是以电阻热作为能源的焊接方法，包括以熔渣电阻热为能源的电渣焊和以固体电阻热为能源的电阻焊。常见的以固体电阻热为能源的电阻焊，主要有点焊、缝焊、凸焊及对焊等，电阻焊一般是使工件处在一定电极压力作用下，利用电流通过工件时所产生的电阻热将两工件之间的接触表面熔化而实现连接的焊接方法，通常使用较大的电流。为了防止在接触面上发生电弧和为了锻压焊缝金属，焊接过程始终要施加压力。

5.2.3　电子束焊接

　　电子束焊接是利用加速和聚焦的电子束轰击置于真空或非真空中的焊件所产生的热能进行焊接的方法。电子束撞击工件时，其动能的 96% 可转化为焊接所需的热能，能量密度高达 $10^3 \sim 10^5$ kW/cm^2，而焦点处的最高温度达 5 930℃ 左右。电子束焊接是一种先进的焊接方法，广泛应用于航空宇航工业、汽车、电子和造船等工业部门。

1.电子束焊接特点

电子束焊接是高能量密度的焊接方法,它利用空间定向高速运动的电子束,撞击工件表面并将部分动能转化成热能,使被焊金属迅速熔化和蒸发。在高压金属蒸气的作用下,熔化的金属被排开,电子束能继续撞击深处的固态金属,很快在被焊工件上钻出一个锁形小孔,表层的高温还可以向焊件深层传导。随着电子束与工件的相对移动,液态金属沿小孔周围流向熔池后部,冷却结晶形成焊缝,提高电子束的功率密度可以增加穿透深度。电子束焊接特点见表5.5所示。

表5.5 电子束焊接特点

序 号	特 点	内 容
1	焊缝深宽比高	电子束斑点尺寸小,功率密度大。可实现高深宽比(即焊缝深而窄)的焊接,深宽比达60∶1,可一次焊透厚度0.1～300 mm的不锈钢板
2	焊接速度快,焊缝组织性能好	能量集中,熔化和凝固过程快。例如,焊接厚度125 mm的铝板,焊接速度达40 cm/min,是氩弧焊的40倍,高温作用时间短,合金元素烧损少,能避免晶粒长大,改善了接头的组织性能,焊缝搞蚀性好
3	焊件热变形小	功率密度高,输入焊件热量少,焊件变形小
4	焊缝纯度高	真空对焊缝有良好的保护作用,高真空电子束焊尤其适合焊接钛合金等活性材料
5	工艺适应性强	工艺参数易于精确调节,便于偏转,对焊接结构有广泛的适应性
6	可焊材料多	不仅能焊接金属和异种金属材料的接头,也可焊接非金属材料和复合材料,如陶瓷、金属间化合物和石英玻璃等
7	工艺再现性好	电子束焊的工艺参数易于实现机械化、自动化控制,重复性、再现性好,提高了产品质量的稳定性
8	可简化加工工艺	可将重复的或大型整体加工的焊件分为易于加工的、简单的或小型部件,用电子束焊接成一个整体,减少加工难度,节省材料,简化工艺

2.电子束焊接应用范围

由于电子束焊接的独特优越性,电子束焊接的功率密度高,焊接过程中工件的变形与收缩量可减到最小,焊缝的热影响区小,焊接的精度高,焊缝的深宽比大,在真空电子束焊接中,焊缝的化学成分纯净,因此可适用于下列各领域的焊接:

(1)适用于焊接难熔金属、活泼金属和高纯度金属;

(2)适用于通常熔化焊方法无法焊接的异种金属材料的焊接;

(3)可焊接已经淬火的或加工硬化的金属;

(4)由于焊缝的热影响区小,可焊接紧靠热敏感性材料的零件;

(5)可对已经精加工到最后尺寸的零件进行焊接;

(6)在电子束焊接中,电子束可射出几百毫米的距离,往往可以对其他焊接方法无法接近的部位进行焊接。

5.2.4　激光焊

激光焊是利用大功率相干单色光子流聚焦而成的激光束为热源进行的焊接。通常有连续功率激光焊和脉冲功率激光焊。激光焊的优点是可在大气中进行,但穿透力不如电子束焊强。激光焊可以进行精确的能量控制,因而可以实现精密微型器件的焊接。

1.激光焊的特点

与一般焊接方法相比,激光焊具有下面的特点:

(1)聚焦后的激光具有很高的功率密度($10^5 \sim 10^7$ W/cm² 或更高),焊接以深熔方式进行;

(2)由于激光加热范围小(小于 1 mm),在相同功率和焊接厚度条件下,焊接速度高;

(3)激光焊残余应力和变形小;

(4)可以焊接一般焊接方法难以焊接的材料,如高熔点金属等,甚至可用于非金属材料的焊接,如陶瓷、有机玻璃等;

(5)激光能反射、透射,在空间传播相当距离而衰减很小,可进行远距离或一些难以接近部位的焊接;

(6)一台激光器可供多个工作台进行不同的工作,既可用于焊接,又可用于切割、合金化和热处理。

与电子束焊相比,激光焊最大的特点是不需要真空室、不产生 X 射线。它的不足之处在于焊接厚度比电束焊小,焊接一些高反射率的金属还比较困难。另一个问题就是设备投资相对较大。正是由于激光焊的特点,它的发展很快,随着生产和科学技术的进步,对焊接方法的要求越来越高,激光焊接用于解决某些一般熔焊方法难以完成的问题是必不可少的。

2.激光焊接在飞行器制造中的应用

激光焊在飞行器制造领域激光加工技术得到了广泛的应用,例如:飞机蜂窝结构、火箭壳体的加强筋、储存高压气体的铝制和钛制容积、仪表壳体、微电机齿轮轴、叠层硅钢片、微型接插件、测量仪器的弹簧、军用锂电池、薄型管、波纹管、装满热敏炸药的微雷管和各种热敏元件。激光焊接已广泛用于导线连接,它能有效地焊接绝缘导线而不必预先剥除绝缘层。

5.2.5　扩散焊

扩散焊一般是以间接能为能源的固相焊接方法,通常是在真空或保护气氛下进行。焊接时使两被焊工件的表面在高温和较大压力下接触并保温一定时间,以达到原子间距离,经过原子相互扩散而结合。

扩散焊过程大致可分为三个阶段:第一阶段为物理接触阶段,高温下微观不平的表面,在外加压力作用下,总有一些点首先达到塑性变形,在压力的持续作用下,接触面积逐渐扩大,最终达到整个面的可靠接触;第二阶段是接触界面原子间的相互扩散,形成牢固的结合层;第三阶段是在接触部分形成的结合,逐渐向体积方向发展,形成可靠的连接接头。当然,这个三个过程不是截然分开的,而是相互交叉进行的,最终在接触区域由于扩散、再结晶等过程形成固态冶金结合,它可以生成固溶体及共晶体,有时生成金属间化合物,形成可靠连接。扩散连接的参数主要有表面状态、中间层的选择、温度、压力、时间和气体介质等，其中最主要的有以下四个参数：温度、压力、时间和真空度，这些因素是相互影响、相互作用的。

1. 扩散焊的特点

在飞行器制造领域，一些特殊的高性能构件的制造，往往要求把性能差别较大的异种材料，如铝与钢、铁与钢、高温合金与钢连接在一起，这用传统的熔焊方法实现尚有困难。作为固相连接方法的扩散焊可以有效地解决这一难题。扩散焊主要有以下几个特点。

(1)扩散焊适合于耐热材料(耐热合金、铬、铝和银铁等)、陶瓷、磁性材料及活性金属的连接。特别适合于不同种类的金属与非金属异种材料的连接。

(2)可以进行内部及多点、大面积构件的连接，以及电弧可达性不好，或用熔焊方法根本不能实现的连接。

(3)是一种高精密的连接方法，用这种方法连接后，工件不变形，可以实现机械加工后的精密装配连接。

扩散焊的不足之处在于：

(1)零件待焊表面的制备和装配要求较高；

(2)焊接热循环时间长，生产率低；

(3)设备一次性投资较大，而且焊接工件的尺寸受到设备的限制；

(4)接头连接质量的无损检测手段尚不完善。

2. 扩散焊的应用

扩散焊非常成功地应用于一些特种材料、特殊结构的焊接过程中，在飞行器制造工业，许多零部件的使用环境恶劣，加之产品结构要求特殊，使得设计者不得不采用特种材料(如耐高温镍基合金)和特殊结构(如为减轻重量而采用空心结构)，而且往往要求焊接接头与母材等强度或成分、性能上接近。在这种情况下，扩散焊就成为最优先考虑的焊接方法。

镍基耐热合金是现代燃气涡轮和航天、航空喷气发动机的基本结构材料。镍基耐热合金可以在铸造状态下或锻造状态下应用，一般采用的精密铸造构件，焊接性极差，焊接时极易产生裂纹。因此，这种合金常采用钎焊或扩散焊的方法实现可靠的连接。俄罗斯通过选择合适的焊接工艺参数实现了涡轮轴与涡轮盘的扩散连接。

5.2.6 摩擦焊

1. 常规摩擦焊技术原理及应用

摩擦焊是以机械能为能源的固相焊接，它是利用两表面间的机械摩擦所产生的热来实现金属的连接的。摩擦焊时，热量集中在接合面处，因此热影响区窄。两表面间须施加压力，多数情况是在加热终止时增大压力，使热态金属受顶锻而结合，一般结合面并不熔化。

那么，其焊接基本原理是在外力作用下，利用焊件接触面间的相对摩擦运动和塑性流动所产生的热量，使接触面积及其近区金属达到黏塑性状态并产生适当的宏观塑性变形，通过两侧材料间的相互扩散和动态再结晶而完成焊接。

由于摩擦焊具有固态连接、工艺适应性宽、焊接可靠性高以及焊接尺寸精度较高以及高效、低耗和清洁等工艺特点，使之在航空、航天和汽车制造等工业中得到了广泛的应用。如随着现代高性能军用航空发动机的不断更新,其主要性能指标——推重比也不断提高,同时对发动机结构设计、材料及制造工艺均提出了更高的要求。

2. 先进摩擦焊技术及其应用

尽管常规摩擦焊工艺在制造业中得到了广泛的应用,但是随着新材料、新结构大量应用于生产实践,如非圆形横断面工件的焊接、异种材料和难以熔焊合金的缝焊以及重要零部件的表面修复和再制造等常规摩擦焊是无法胜任的。因此,面对这些工程实际问题,通过与相关学科及高技术的紧密结合,科技创新为摩擦焊技术的发展和应用拓展了广阔的空间,线性、耗材和搅拌等先进摩擦焊工艺应运而生,并在制造工程中担负起越来越重要的工艺角色。目前,先进摩擦焊接技术已引起世界上各大宇航工业公司、航空发动机制造商及造船企业的广泛关注。

(1)线性摩擦焊技术。线性摩擦焊是一种固态连接技术,在线性摩擦焊过程中,摩擦副中的一个焊件被往复机构驱动,相对于另一侧被夹紧的焊件表面做相对运动,其原理是在垂直于往复运动方向的压力作用下,随着摩擦运动的进行,摩擦表面被清理并产生摩擦热,摩擦表面的金属逐渐达到黏塑性状态并产生变形。然后,停止往复运动并施加顶锻力,完成焊接。

使用线性摩擦焊加工整体叶盘过程如图 5.13 所示,首先将单个叶片与轮盘分别加工好,轮盘的轮缘处已做好连接叶片的凸座,而叶片根部处留有较厚的裙边,且由于轮缘上已有一段叶片的凸座,所以叶片比正常的叶片要短;第二步将叶片紧压在轮盘轮缘的凸座上,使其高频振荡(往复运动),造成叶片底部表面与凸座表面高速摩擦,产生足以使两者之间原子相互移动所需的高温,当达到所需的高温后,停止振荡并保持叶片紧压在轮盘轮缘上,直到两者结合成一体为止;最后再在五坐标数控机床上用棒铣刀将多余材料铣掉。

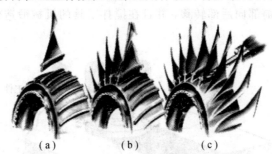

(a)　　　　　　(b)　　　　　　(c)

图 5.13　整体叶盘线性摩擦焊的工艺过程

(a)单个叶片与叶环;(b)叶片、叶环线性摩擦焊;(c)铣掉焊缝飞边

(2)耗材摩擦焊接技术。耗材摩擦焊是一种基于热塑性变形的先进的焊接/焊敷技术。它具有细化晶粒、并使接头呈现压应力的工艺特性。该技术改善了那些所谓不能焊的材料的焊接性。作为一种新颖的连接工艺,它可用于焊接接头尺寸太大而现有常规摩擦焊不能焊接的工件,作为一种创新堆焊工艺,它可用于修复或制造部件,也可以连接两种异质材料。耗材摩擦焊工艺原理如图 5.14 所示,将需要焊敷的材料加工成棒材(称为耗材),在轴向压力作用下旋转,当耗材与基体金属的界面处产生热塑性层时基体金属移动并形成焊敷层,焊敷层的厚度为 1.0~2.0 mm。由于棒材在摩擦焊过程中不断消耗,因而称其为耗材摩擦焊或耗材摩擦覆层。

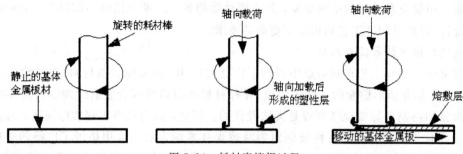

图 5.14　耗材摩擦焊过程

由于耗材摩擦焊优异的焊接工艺显示了诱人的前景，美国国防部把该技术列为关键制造技术计划，通用电子航空发动机公司(GEAE)拟将摩擦敷层技术发展为航空材料连接的重要方法，已探索研究了摩擦敷层技术在未来航空发动机制造和维修中的应用，并获得了丰富的经验。英国焊接研究所(TWI)在 Alcoa 技术中心的资助下，应用耗材摩擦敷层技术焊接了7075 - T651 铝合金板材。

由于耗材摩擦焊是一种低热输入的固相连接/焊敷工艺，焊后的变形微乎其微。因其自身固有的速冷特性，焊敷可在任何位置进行。焊接环境良好，无烟尘飞溅。该工艺在用于表面工程的涂层焊敷或连接异质的宇航材料以及焊敷金属基复合物方面具有巨大的优越性。它的出现为表面改性或焊接工程提供了一种高效、可靠的工艺选择。

(3)搅拌摩擦焊技术。搅拌摩擦焊是一项高效、低耗、低成本和符合 21 世纪环境要求的固相连接新技术，其原理如图 5.15 所示。搅拌摩擦焊是一种纯机械化连续的固相连接方法，在搅拌摩擦焊过程中，一个柱形带特殊轴肩和针凸的搅拌头旋转着插入被焊工件，搅拌头和被焊材料之间的摩擦产生了摩擦热，使材料热塑化，当搅拌工具沿着待焊界面向前移动时，热塑化的材料由搅拌头的前部向后部转移，并且在搅拌工具的机械锻造作用下，实现工件间的固相连接。

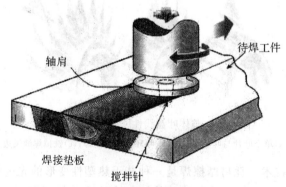

图 5.15　搅拌摩擦焊原理
1—母材;2—热影响区;3—热机影响区;4—焊核区

搅拌摩擦焊具有以下技术特点。

1)搅拌摩擦焊是在材料的塑性状态下实现的，产品焊缝金相一致性高，焊缝无热裂纹、夹杂和气孔等熔焊缺陷。

2)搅拌摩擦焊利用自动化的机械设备进行焊接，避免了对操作工人技术熟练程度的依赖，实现了全位置焊接自动化。

3)搅拌摩擦焊焊前无需对铝合金氧化层作特殊处理,也不需开破口,焊接过程中不需要填充材料和保护气,简化了焊接工序。

4)搅拌摩擦焊焊接过程不会产生烟尘、飞溅、紫外线及电磁辐射,实现了焊接过程的环保化。

5)搅拌摩擦焊的焊缝残余应力低,基本无变形,焊缝属性接近母材,机械性能优异,提高了焊缝可靠性。

目前,搅拌摩擦焊在飞机制造领域的开发和应用还处于验证阶段,主要利用搅拌摩擦焊实现飞机蒙皮和衍梁、筋条、加强件之间的连接,框架之间的连接,飞机预成型件的安装,飞机壁板和地板的焊接以及飞机结构件和蒙皮的在役修理等,这些方面的搅拌摩擦焊制造已经在军用和民用飞机上得到验证飞行和部分应用。另外波音公司还成功地实现了飞机起落架舱门复杂曲线的搅拌摩擦焊焊接。美国 Eclipse 飞机制造公司斥资 3 亿美元用于搅拌摩擦焊的飞机制造计划,其制造的第一架搅拌摩擦焊商用喷气客机(Eclipse 500)(见图 5.16)于 2002 年 8 月在美国进行了首飞测试。其机身蒙皮、翼肋、弦状支撑、飞机地板以及结构件的装配等铆接工序均由搅拌摩擦焊替代,提高了生产效率,节约了制造成本并且减轻了机身重量。

图 5.16　Eclipse 500 型商用喷气客机的搅拌摩擦焊焊接构件

5.3　铆接技术及其应用

铆接技术是一种传统的构件连接方式,在飞机装配过程中广泛采用铆接连接。与其他连接方法相比,普通铆接存在着不少缺点:增加了结构的重量,降低了强度,容易引起变形,而且疲劳强度低。目前,铆接仍然是飞机装配中主要的连接方法,其原因是铆接连接强度可靠,容易检查和排除故障,适用于较复杂的结构的连接。

普通铆接因其疲劳强度低,密封性能差,无法满足新型飞机的结构要求,促使新的连接技术进一步发展,其中主要是无头铆钉干涉配合铆接技术。采用干涉配合铆接技术可以提高接头疲劳寿命。

由于铆接工作量大,需要不断提高铆接的机械化、自动化程度,以提高铆接质量,改善劳动条件,提高劳动生产率。为此,各种形式的自动钻孔设备和自动铆接机得到了广泛的应用。

5.3.1　普通铆接

普通铆接是指最常用的凸头或埋头倒钉铆接,其铆接过程是制铆钉孔,制埋头窝(对埋头铆钉而言),放铆钉,铆接,如图 5.17 所示。

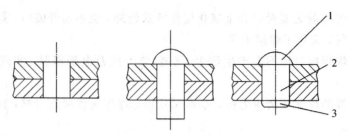

图 5.17 铆接典型工序

1—钉头；2—钉杆；3—镦头

1. 钻孔及锪窝

(1)对铆钉孔的要求。普通铆接的钉孔直径，一般比铆钉杆直径大 0.1～0.3 mm，这样既便于放铆钉，铆接后又能使钉杆较好地填满钉孔。普通铆接中铆钉孔的公差如表 5.6 所示。

表 5.6　铆钉孔尺寸公差

铆钉孔	铆钉直径/mm	2.0	2.5	3.0	3.5	4.0	5.0	6.0
	公称尺寸/mm	2.1	2.6	3.1	3.6	4.1	5.2	6.2
	公差/mm	0～+0.12		0～+0.16			0～+0.2	

除孔径的公差要求外，对于孔的椭圆度、垂直度、孔边毛刺和孔壁表面粗糙度，都有相应的要求。

一般情形铆钉孔不需要铰孔，但是直径大于 6 mm、夹层厚度大于 15 mm 的铆钉孔，则需要铰孔。对于直径为 5 mm 的钉孔，虽然不用铰孔，但为了保证质量，常常先钻初孔，然后扩孔。

影响钉孔质量的主要因素有工件材料、钻头转速、进刀量和刀具的锋利程度等。

(2)确定铆钉孔的位置。铆钉孔位置，一般是指边距、排距(或称行距)和孔距，这些在图纸上均有规定，允差一般是±0.1 mm。确定钉孔位置的方法有以下几种。

1)按画线钻孔。这种方法虽然准确度低、效率低，但是简易可行，适用于新机试制。

2)按导孔钻孔。即在相连接的一个零件上，按铆钉位置，预先制出较小的孔。导孔通常制在孔的边区较小、材料较硬或者较厚的零件上，在零件制造阶段就制出，装配定位后，钉孔按导孔钻出。如图 5.18 所示，蒙皮和长桁的铆钉孔，是按长桁上的导孔钻出的。这种方法的工作工作效率高，常用于成批生产。

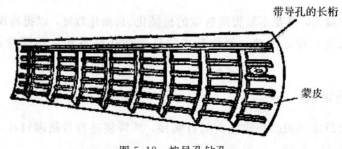

带导孔的长桁

蒙皮

图 5.18　按导孔钻孔

3)按钻模钻孔。为了保证孔的位置准确，使带孔的零件或组合件能够互换，而采用按钻模钻孔的方法。例如某油箱底板上的检查口盖，每个口盖上有数十个托板螺帽，底板上有相应的螺钉孔，为了保证各口盖互换，其底板和口盖上的孔均按钻模钻出，如图 5.19 所示。

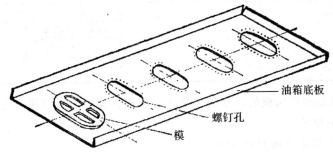

　　　　　　　　　　　　　　　　　　　油箱底板

　　　　　　　　　　　　　　　　　螺钉孔

　　　　　　　　　　　　　　模

图 5.19　按钻模钻孔

如图 5.20 所示 1 是安装在型架上的钻模。

按钻模钻孔不仅能保证孔的位置准确，而且钻模上的导套有导向作用，还能保证孔的垂直度。

(3)锪窝。铆接埋头铆钉时，钻孔后要锪窝。

高速飞机上蒙皮与骨架之间的连接，主要用埋头铆钉。埋头窝的深度应严加控制，为了保证连接强度，埋头窝的深度只能取负偏差，铆接后只允许铆钉头高出蒙皮表面，公差为 ＋0.1 mm，如图 5.21 所示。

如果埋头窝过深，如图 5.22 所示，蒙皮受力后，会使铆钉松动，降低连接强度。此外，埋头窝的轴线应该垂直于工件表面，以保证铆接后表面平整。

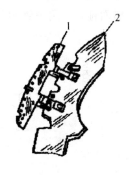

图 5.20　型架上的钻模
1—钻模；2—卡板

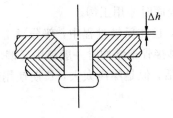

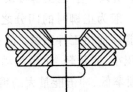

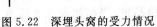

图 5.21　正确的铆接　　　　　　图 5.22　深埋头窝的受力情况

制埋头窝一般用锪窝，但当蒙皮厚度小于 0.8 mm 时，则应采用冲窝。

锪窝有专用的铆窝钻，用手工操作时，为了保证埋头窝深度公差，应采用能限制窝深的锪窝钻套。

2. 铆接

(1)铆钉及铆钉长度选择。铆钉材料有铝合金、碳素钢、合金钢和钛合金等。各类铆钉的标准、代号可见航标手册。按标准规定，铆钉铆接后的尺寸、容差如表 5.7 所示。

双面埋头铆接的铆钉长度 $L = S + (0.6 \sim 0.8)d$。

表5.7　铆钉铆接后的尺寸

铆钉直径 d/mm	铆钉长度 L/mm	镦头直径 D/mm	镦头高度 h/mm	简　图
2～3	$1.4d+S$	$(1.5\pm0.1)d$	0.4d	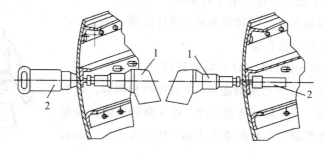
3.5～4.0	$1.3d+S$			
5～6	$1.2d+S$	$(1.45\pm0.1)d$		

（2）锤铆。锤铆是利用铆枪的活塞撞击铆卡，铆卡撞击铆钉，在铆钉的另一端由顶铁顶住，使钉杆镦粗形成镦头。

用锤铆时，有正铆和反铆两种方法。

正铆是用顶铁顶住铆钉头，铆枪的锤击力直接打在钉杆上而形成镦头；反铆是铆枪在铆钉头那面锤击，用顶铁顶住钉杆一端而形成橄头，如图5.23所示。

图5.23　正铆与反铆

1—铆枪；2—顶铁

正铆的优点是在铆接埋头铆钉时表面质量好，因为铆枪直接打在钉杆上，蒙皮不受锤击。但它的缺点是需要用较重的顶铁才能在铆接时顶住铆钉，劳动强度大；另外铆枪必须置在工件内部，使用范围受到限制，所以一般是在铆接蒙皮表面时才用正铆。

反铆的优点是顶铁质量轻，一般为正铆时的四分之一，且在反铆过程中，部分锤击力直接打在钉头周围的零件表面上，能够促使工件贴紧，故在铆接骨架结构时一般都用反铆。

铆枪是用于锤铆的工具，体积小、质量轻、使用机动灵活，但是噪声太大，长期使用铆枪易患职业病，为此，设计了打击频率低、冲击能量大的铆枪。

常用的国产铆枪品种、规格如表5.8所示。

表5.8　国产铆枪性能和规格

铆枪型号	可铆铆钉直径 mm	气源压力 10^4 Pa	冲击能力 （N·m）	冲击频率 $\min^{-1}$	耗气量 （$m^3\cdot\min^{-1}$）	质量 kg
MQ4	4.0（铝） 3.5（钢）	50	3	2 000	0.3	1.45
MQ5	5.0（铝） 4.0（钢）	50	4	2 600	0.4	1.7
MQ6	6.0（铝） 5.0（钢）	50	10	1 200	0.5	2.4

顶铁在铆接时起顶撞作用,其形状、尺小和质量取决于工件构造、铆钉材料、铆钉直径以及所采用的铆接方法。顶铁应有足够的质量,如果质量不够,会致使铆钉欠铆或出现裂纹。估算顶铁质量的经验公式为

$$W_{反} \geqslant 0.5d \tag{5-1}$$

式中,$W_{反}$——反铆时的顶铁质量,kg;

d——铆钉直径,mm。

用铆枪进行铆接,虽然能达到一定的生产要求,但还存在如下问题。

1)铆接质量不稳定。铆接质量在很大程度上取决于工人的技术水平,容易产生如图5.24所示的各种缺陷,这些缺陷都将降低铆接强度。

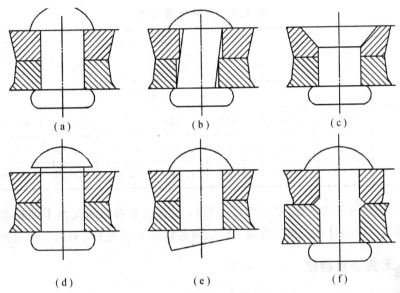

图 5.24 常见的铆接缺陷

(a)孔径口超差;(b)铆钉孔错位;(c)埋头窝过深;

(d)铆钉头未贴紧零件;(e)镦头偏斜;(f)夹层有间隙

2)铆接变形大。用铆枪进行铆接,铆钉杆镦粗不均匀,靠近镦头部分镦粗较大,而靠近钉头部分镦粗很小,铆接后钉杆呈圆锥形,如图 5.25 所示,因此会使工件产生翘曲变形。

3)劳动强度大、噪声大、振动大、劳动条件差,在铆接大直径的铆钉时更为突出。

4)劳动生产率低,因此应多用压铆代替锤铆。

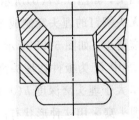

图 5.25 铆接后镦粗不均匀的钉杆

(3)压铆。压铆是用静压力镦粗铆钉杆,形成镦头。

对于各种材料、不同直径的铆钉,所需压铆力,可用下式估算,即

$$P = \mu \sigma_b A \tag{5-2}$$

式中,μ——由于材料冷作硬化,摩擦力作用而给定的修正系数,建议 $\mu = 2.0 \sim 2.2$;

σ_b——铆钉材料的强度极限，MPa；

A——镦头的径向截面积，$A=(1.6d)^2\pi/4$ mm²，d 为铆钉直径。

压铆力也可由实验确定。表 5.9 是压铆铝合金、碳素钢和合金钢铆钉所需的压铆力，可供参考。

压铆有下列优点：

1)铆接质量稳定，与操作者技术水平关系较小，表面质量好；

2)劳动生产率高；

3)工件变形较小；

4)工人的劳动条件好。

表 5.9　压铆所需压力

铆钉材料	铆钉直径/mm							
	2.6	3.0	3.5	4.0	5.0	6.0	8.0	10.0
	压力/N							
铝合金	8 000	9 500	15 000	20 000	30 000	39 000	80 000	125 000
碳素钢	11 000	17 000	22 000	28 000	42 000	52 000	100 000	155 000
合金钢	18 000	25 000	34 000	43 000	58 000	80 000	120 000	

压铆系数(用压铆的铆钉数/全机铆钉总数)，是反映铆接机械化水平的标志，提高压铆系数是工厂铆接工作的目标。我国有的工厂压铆系数为 30% 左右，有的工厂更低。

5.3.2　无头铆钉铆接

无头铆钉铆接，是将没有铆钉头的实心圆杆作为铆钉，如图 5.26 所示，铆钉在压铆过程中镦粗，同时在两端形成钉头和镦头。对于埋头铆钉，再将凸出外表面的部分铣平，如图 5.27(a)所示；有的无头铆钉铆成凸头，如图 5.27(b)所示。

无头铆钉的埋头窝制成 82° 和 30° 两个锥度，锥度比 90° 埋头窝要小，如图 5.28 所示。其尺寸大小如表 5.10 所示。图 5.28 中 H 为板件在埋头窝一边的材料厚度，其最小值为 $0.6D$，大于埋头窝深度 $h(0.4D)$。

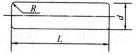

图 5.26　无头铆钉

埋头窝采用这种形状有两个原因：①既保证铆钉具有一定的连接强度，埋头窝的锥度又要尽量小，这样易于填满埋头窝，保证密封性能；②可以减少压铆力，否则压铆力太大，铆钉容易出裂纹，且易引起工件变形。

如图 5.29 所示是 120° 和 60° 的双锥度埋头窝，也是用于无头铆钉铆接，从图中可以看出，在埋头窝中填充的金属量要大得多，相应压铆力要大。

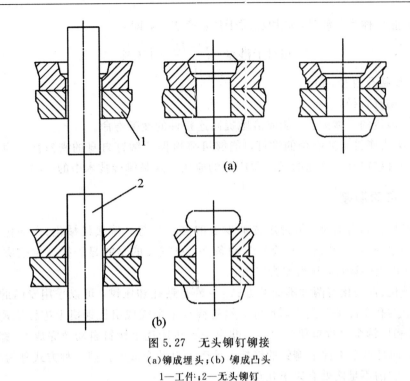

(a)

图 5.27　无头铆钉铆接
(a)铆成埋头；(b) 铆成凸头
1—工件；2—无头铆钉

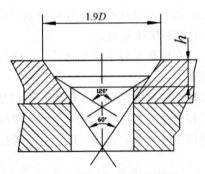

图 5.28　双锥度埋头窝　　　图 5.29　120°和60°双锥度埋头窝

表 5.10　无头铆钉埋头窝尺寸

埋头窝尺寸	铆钉直径/mm		
	$4.0_0^{+0.05}$	$5.0_0^{+0.05}$	$6.0_0^{+0.05}$
$D_0^{+0.075}$	4.08	5.08	6.08
$E\pm0.1$	5.6	7.0	8.4
$h\pm0.1$	1.6	2.0	2.4
$R\pm0.1$	1.0	1.3	1.3

开始采用无头铆钉是为了在自动铆接机上输送铆钉方便，后来通过实践证明，采用无头铆钉铆接的优点还在于以下两点。

(1)铆接后沿铆钉杆全长可形成较均匀的干涉配合。在保证铆钉便于插入钉孔的前提下，铆钉和孔的间隙尽量小，以便铆接以后钉杆与孔之间形成紧配合(或称干涉配合)。铆接后钉

孔胀大，其膨胀量称为干涉量，或用相对干涉量来表示，即

$$相对干涉量 = \frac{D - D_0}{D_0} \times 100\% \tag{5-3}$$

式中，D——铆接孔直径，mm；

　　　D_0——铆钉直径，mm。

有适当干涉量的干涉配合，能成倍地提高连接件的疲劳寿命。

(2)采用无头铆钉干涉配合的铆钉，能够可靠地保证铆钉自身的密封性。因此，无头铆钉干涉配合的铆接得到了迅速的发展和广泛的应用。这是铆接技术中的一项重大发展。

5.3.3　自动铆接

铆接的机械化和自动化，是铆接技术发展的必然趋势。铆接机械化、自动化，不仅能够提高劳动生产率、减轻劳动强度和改善劳动条件，更重要的是能显著提高铆接质量，这对于直径为 6 mm 以上的铆钉，显得尤为突出。

铆接机械化、自动化有两种不同的方式：一种是钻孔和压铆，可以采用专门的钻孔设备，先把铆接件上的孔全部加工到最后尺寸，然后移至单个或成组压铆机上进行压铆；另一种是钻孔、放铆钉和压铆全过程单机自动化，即由一台机床逐个铆钉自动地完成钻、锪、放铆钉和压铆全过程，而且整个工件上铆钉的铆接，是逐个自动完成的。前一种方式称为单工序机械化和自动化。它的不足之处有以下几点：

首先是在压铆之前已将所有的孔钻锪到最后尺寸，但在压铆过程中有变形，会使已钻好的孔错位，从而影响铆接质量；

其次是工件在钻孔设备上钻孔之后，送到压铆机，工件还要再一次装卸，手工安放铆钉的工作量仍然很大。

自动铆接是工件在铆接机上，自动完成包括夹紧工件、钻孔、锪窝、送钉、压铆、铣平钉头(指无头铆钉)和松开夹紧件等一系列工序，铆接完一个铆钉后自动定位至下一个铆钉位置。

随着自动铆接技术日益发展，其应用范围日益扩大(见表 5.11)。现将各种自动铆接分别介绍如下。

表 5.11　自动铆接的应用范围

铆钉类型	工作范围
有头铆钉	完成埋头铆钉、凸头铆钉、半圆头铆钉、冠状铆钉、钛合铆钉和自动铆接
无头铆钉	铆接后成为埋头铆钉或凸头铆钉
特种铆钉	完成环槽铆钉、高锁螺栓抽芯铆钉的自动铆接

1.有头铆钉的自动铆接

如图 5.30 所示，有头铆钉的自动铆接过程包括如下步骤：

(1)夹紧工件；

(2)钻孔、锪窝；

(3)送进铆钉及压铆；

(4)松开夹紧件。

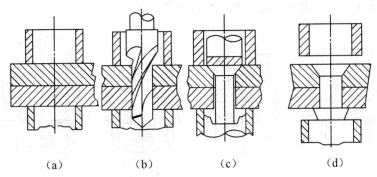

图 5.30　有头铆钉的自动铆接
(a)夹紧工件；(b)钻孔、锪窝；(c)放铆、压铆；(d)松开夹紧件

有头铆钉一般都可在铆接机上铆接，只是当铆接凸头铆钉时，不需要锪窝。

2.无头铆钉自动铆接

无头铆钉的自动铆接，如图 5.31 所示。无头铆钉可铆成埋头铆钉，也可以不锪窝而铆成凸头铆钉。

(1)夹紧工件；

(2)钻孔，根据钉头形状要求，锪窝或不锪窝；

(3)送进铆钉；

(4)压铆，工件向上浮动，同时形成钉头和墩头；

(5)把埋头的多余部分铣掉；

(6)松开夹紧件，准备下一个铆钉的铆接。

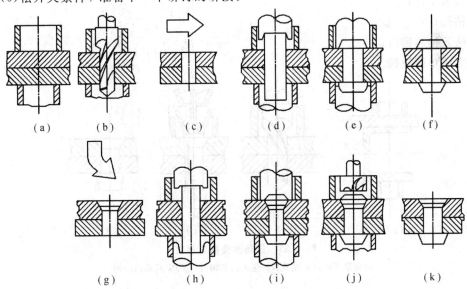

图 5.31　无头铆钉的自动铆接
(a)夹紧工件；(b)钻孔或锪孔；(c)直孔；(d)压铆；(e)压铆；
(f)凸头铆钉；(g)锪窝孔；(h)放铆；(i)压铆；(j)铣平；(k)埋头铆钉

3. 特种铆钉自动铆接

如图 5.32 所示是镦铆型的环槽铆钉的自动铆接过程。其中钻孔、锪孔与一般自动铆接相同,但是当送进铆钉以后,必须送进钉套,然后镦铆。

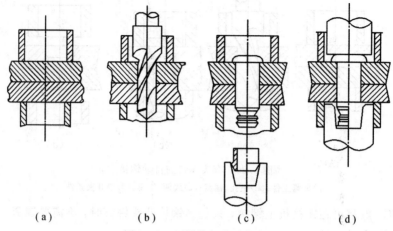

(a)   (b)   (c)   (d)

图 5.32   环槽铆钉自动铆接

(a)夹紧工件;(b)钻孔;(c)放铆、压铆;(d)镦铆

(1)夹紧工件;

(2)钻孔;

(3)送进铆钉及钉套;

(4)镦铆;

(5)松开工件(图中未表示)。

自动单面铆接的过程(见图5.33)。

(1)夹紧工件;

(2)钻孔;

(3)送入抽芯铆钉;

(4)完成单面拉铆。

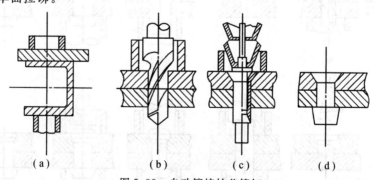

(a)   (b)   (c)   (d)

图 5.33   自动铆接抽芯铆钉

(a)夹紧工件;(b)钻孔;(c)送入抽芯铆钉;(d)完成单面拉铆

习题与思考题

1.阐述胶结技术的特点,并举出几例其他连接不可代替的胶结实例。

2.如何设计好胶结接头的结构形式?

3.如何选择黏合剂？

4.胶结为什么要对被黏物进行表面处理？

5.试述胶结工艺的全过程。

6.焊接有哪些分类？阐述电子束焊接、激光焊接和扩散焊的特点。

7.阐述线性摩擦焊、搅拌摩擦焊的焊接过程及特点。

8.普通铆接的过程包括①＿＿＿＿＿＿＿②＿＿＿＿＿＿ ③＿＿＿＿＿＿＿ ④＿＿＿＿＿。

9.确定铆接孔的位置方法有①＿＿＿＿＿＿＿ ②＿＿＿＿＿＿＿ ③＿＿＿＿＿＿＿＿。

10.应用简图图示法说明确定双面埋头铆接的铆钉长度。

11.比较锤铆的正铆与反铆特点及各自应用场合。

12.无头铆钉铆接时，埋头窝常用的结构形状是什么？为什么采用这种结构形状？

第6章　增材制造技术

6.1　增材制造技术

6.1.1　增材制造技术的概念

增材制造技术（Additive Manufacturing，AM）是指基于离散-堆积原理，由零件三维数据（CAD）驱动，采用材料累加的方法直接制造零件的科学技术体系。美国材料与试验协会（ASTM）F42 国际委员会对增材制造的定义是"依据三维 CAD 数据将材料连接制作物体的过程"。与增材制造对应的是去除成形（减材成形）、受迫成形（体积成形）以及生长成形等加工方法。作为一种新的技术概念，增材制造技术发展不过才 30 多年，但已经对制造业形成了重大的影响。其对人的思维的影响尤其深远，使人们得以摆脱结构形状对思维的束缚，进而在设计/生产时从二维平面转化为三维具象的实体零件。增材制造技术并非是对传统制造方法的取代，而是开辟了一个全新的空间，使人们在选择制造方法时增加了一种手段。

增材制造技术还有许多称谓，如快速原型（Rapid Prototyping）、分层制造（Layered Manufacturing）、快速成形制造（Rapid Manufacturing）和 3D 打印等，通常情况下，其意义相同，但如果严格区分，各种不同的称谓反映了不同历史时期的技术发展特点，在材料、工艺、装备和应用方向等均有较大差别，其内涵仍在不断深化，外延也不断扩展。20 世纪 80 年代，伴随激光技术的发展，开发出了树脂材料的光固化技术，其后增材制造技术获得了快速发展，国际上开发出了熔融沉积、叠层实体制造、激光选区烧结和 3D 打印等技术，这一时期的技术统称为快速原型技术，制造出的结构并非真实的零件，而是用塑料、纸等材料制造出的零件形状，用于设计评估、方案优化和铸造蜡模等；20 世纪 90 年代中期，兴起了工具、模具的快速制造，在此基础上，又发展为金属零件的直接制造技术。

6.1.2　增材制造技术的分类

通常人们所说的增材制造技术可以理解为狭义的增材制造技术，其基本特点是不同的能量源与 CAD/CAM 技术结合，在三维 CAD 数据驱动下的"材料分层累加"加工过程。关桥院士给出了广义增材制造技术的确切内涵和技术范畴，提出广义增材制造是以"材料累加"为基本特征，以"直接制造零件"为目标的大范畴技术群（见图 6.1）。狭义的增材制造技术伴随计算机技术及高能束流技术的兴起，发展时间不过数年，而广义的增材制造技术的发展则贯穿了人类整个文明发展史。自然界中，蚂蚁筑巢、燕子搭巢均是增材制造，人类建房砌屋、筑城修坝也是增材制造，当前工业上应用的堆焊成形、喷射成形、喷涂成形、块体组焊、混合制造、气相沉积成形和电化学沉积成形等均可归入"广义增材制造"的范畴，如果不以制造零件为目标，仅是局部加工，如涂层制备、薄膜制备和材料拼接等，则不具有增材制造的内涵。

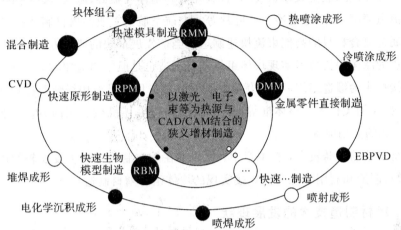

图 6.1　广义与狭义增材制造技术内涵示意图

增材制造是一个全新的科学体系，在此之下衍生出门类繁多的技术群体。如果按照加工材料的类型分类，可以分为金属成形和非金属成形和生物材料成形等（见图 6.2）。以激光束、电子束、等离子或离子束为热源，加热材料使之结合，直接制造金属零件的方法，称为金属零件高能束流增材制造，是增材制造领域的重要分支。目前，能真正直接制造金属零件的增材制造技术有基于同轴送粉的激光熔敷成形技术，又称为激光近形制造（Laser Engineering Net Shaping，LENS）、基于粉末床的激光选区熔化技术（Selective Laser Melting，SLM）、电子束选区熔化技术（Electron Beam Melting，EBM）和基于电子束熔丝沉积的电子束自由成形制造技术（Electron Beam Freeform Fabrication，EBF）等。LENS 技术、EBF 技术能直接制造出大尺寸的金属零件毛坯；SLM 和 EBM 可制造复杂精细金属零件。

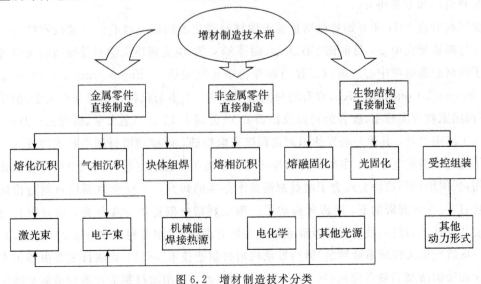

图 6.2　增材制造技术分类

在国外，除用于汽车、医学植入物等民用领域外，增材制造更多地用于航空航天等高新技术领域。例如，电子束熔丝沉积快速制造技术主要为美国国家航空航天局、波音公司和洛克希德·马丁公司服务，研制飞机、航空发动机大型构件；电子束选区熔化快速制造技术用于火箭发动机喷嘴、叶轮、航空发动机 TiAl 合金叶片和整体叶盘等；激光选区熔化技术用于火箭发动机复杂流道喷嘴、多层壁超冷空心叶片等。在航空航天工业的增材制造技术领域，金属、非金属或金属基复合材料的高能束流快速制造是当前发展最快的研究方向。

利用先进的摩擦焊接技术实现块体组焊增材制造也是航空制造领域的一个崭新的发展方向。摩擦焊接接头为锻造组织，具有优良的力学性能。国外已经用线性摩擦焊接制造航空发动机整体叶盘、民用飞机大型整体框等，与传统的锻造毛坯机械加工的方法相比，成本大大降低，具有广阔的应用前景。

广义增材制造的范畴较大，在本章中，仅介绍在航空制造领域中发展较快的激光增材制造、电子束增材制造和利用线性摩擦焊接实现的块体组焊增材制造技术。

6.1.3 增材制造技术的发展现状

欧美发达国家纷纷制定了发展和推动增材制造技术的国家战略和规划，增材制造技术已受到政府、研究机构、企业和媒体的广泛关注。2012 年 3 月，美国白宫宣布了振兴美国制造业的新举措，将投资 10 亿美元帮助美国制造体系的改革。该计划期望联合工业界、大学等研究机构、联邦政府和州政府加速制造业的创新和变革；在全国范围内建设 15 个制造研究所，缩小基础研究和产品之间的差距；促进资源的共享，帮助小企业获取最前沿的技术和设备；同时，提供一个前所未有的环境，帮助学生和其他劳动力掌握先进制造技术。其中，美国白宫提出实现该计划的三大背景技术就包括了增材制造，强调了通过改善增材制造材料、装备及标准，实现创新设计的小批量、低成本数字化制造。同年 8 月美国增材制造创新研究所成立，联合了宾夕法尼亚州西部、俄亥俄州东部和弗吉尼亚州西部的 14 所大学、40 余家企业以及 11 家非盈利机构和专业协会。

英国政府自 2011 年开始持续增加关于增材制造技术的研究经费。以前仅有拉夫堡大学一个增材制造研究中心，目前诺丁汉大学、谢菲尔大学、埃克塞特大学和曼彻斯特大学等相继建立了增材制造研究中心。英国工程与物理科学研究委员会（Engineering and Physical Sciences Research Concil，EPSRC）设有增材制造研究中心，参与机构包括拉夫堡大学、伯明翰大学、英国国家物理实验室、波音公司以及德国 EOS 公司等 15 家知名大学、研究机构及企业。

除了英美之外，其他一些发达国家也积极采取措施，以推动增材制造技术的发展。德国建立了直接制造研究中心，主要研究和推动增材制造技术在航空航天领域中结构轻量化方面的应用；法国增材制造协会致力于增材制造技术标准的研究，2009 年欧洲增材制造论坛在巴黎成功召开；在政府资助下，西班牙启动了一项发展增材制造的专项研究，研究内容包括增材制造共性技术、材料、技术交流及商业模式等四方面内容；澳大利亚政府于 2012 年 2 月宣布支持一项航空航天领域革命性的"微型发动机增材制造技术"项目，该项目主要由墨尔本莫纳什大学和法国微型涡喷发动机（Microturbo）公司负责，使用增材制造技术制造航空航天领域的微型发动机零部件;日本政府也很重视增材制造技术的发展,通过优惠政策和大量资金鼓励产、学、研、用紧密结合,有力地促进了该技术在航空航天等领域的应用。

2012 年,美国《华盛顿邮报》发文称未来 20 年美国将在制造业上"打败中国",主要依靠以增材制造技术为代表的数字化制造。2012 年 2 月 10 日,美国《经济学人》发文,将增材制造技术称为"第三次工业革命",尽管仍有待完善,但其市场潜力巨大,将成为引领未来制造业发展趋势的众多突破之一。

6.1.4 增材制造技术在航空制造领域的应用前景

高速、高机动性、长续航能力、安全高效和低成本运行等苛刻的服役条件对飞行器结构设计、材料和制造提出了更高要求。轻量化、整体化、长寿命、高可靠性、结构功能一体化以及低成本运行成为结构设计、材料应用和制造技术共同面临的严峻挑战,这取决于结构设计、结构材料和现代制造技术的进步与创新。

(1)满足航空武器装备研制低成本、短周期的需求。随着技术的进步,为了减轻机体重量,提高机体寿命,降低制造成本,飞机结构中大型整体金属构件的使用越来越多。大型整体钛合金结构制造技术已经成为现代飞机制造工艺先进性的重要指标之一。美国 F-22 后机身加强框、F-14 和"狂风"的中央翼盒、飞机机身大型整体框、滑轮架、大型复杂接头和起落架等均采用了整体钛合金结构。大型金属结构传统制造方法是锻造再机械加工,但能用于制造大型或超大型金属锻胚的装备较为稀缺,虽然我国已经投产了 400MN 和 800MN 的大型锻机,但高昂的模具费用和较长的制造周期仍难以满足新型号的快速低成本研制的需求。另外,一些大型结构还具有复杂的形状或特殊规格,用锻造方法难以制造,而增材制造技术对零件结构尺寸不敏感,可以制造超大、超厚和复杂型腔等特殊结构。除了大型结构,还有一些具有极其复杂外形的中区制造技术可以实现零件的净成形,仅需抛光即可装机使用。传统制造行业中,单件、小批量的超规格产品往往成为制约整机生产的瓶颈,一方面是由于超规格,现在生产能力无法制造;另一方面是虽然能制造,但成本高昂,经济效益不高,通过增材制造技术能够实现以相对较低的成本提供这类产品。

据统计,目前我国大型航空钛合金零件的材料利用率非常低,只有 3%～5%。同时,模锻、铸造还需要大量的工装模具,由此带来研制成本的上升。通过高能束流增材制造技术,可以节省材料 2/3 以上,数控加工时间减少 1/2 以上,同时无需模具,从而能够将研制成本尤其是首件、小批量的研制成本大大降低,节省国家宝贵的科研经费。

通过大量使用基于金属粉末和丝材的高能束流增材制造技术生产飞机零件,从而可以实现结构的整体化,降低成本和周期,达到"快速反应、无模敏捷制造"的目的。随着我国综合国力的提升和科学技术的进步,为了缩小与发达国家的差距,保证研制速度,加快装备更新速度,急需要这种新型无模敏捷制造技术——金属结构增材制造技术。

(2)促进设计-生产过程中从平面思维向立体思维的转变。传统制造思维是先从使用目的形成三维构想,转化成二维图样,再制造成三维实体。在空间维度转换过程中,差错、干涉和非最优化等现象一直存在,而对于极度复杂的三维空间结构,无论是三维构想还是二维图样化已十分困难。计算机辅助设计(CAD)为三维构想提供了重要的工具,但虚拟数字三维构型不能完全推演出实际结构的装配特性、物理特征和运动特征等诸多属性。采用增材制造技术,实现三维设计、三维检验与优化,甚至三维直接制造,可以摆脱二维制造思想的束缚,直接面向零件的三维属性进行设计与生产,大大简化了设计流程,从而促进产品的技术更新与性能优化。在飞机结构设计时,设计者既要考虑结构与性能,还要考虑制造工艺。增材制造的最终目标是解放零件制造对设计者的思想束缚,使飞机结构设计师将精力集中在如何更好地实现功能的优化,而非零件的制造上。在以往的大量实践中,利用增材制造技术,快速准确地制造并验证设计思想在飞机关键零部件的研制过程中已经发挥了重要的作用。另一个重要的应用是原型制造,即构件模型,用于设计评估,如风洞模型,通过增材制造迅速生产出模型,可以大大加快"设计-验证"迭代循环。

(3)改造现有的技术形态,促进制造技术提升。利用增材制造技术提升现有制造技术水平的典型应用是铸造行业。利用快速原型技术的制造蜡模可以将生产效率提高数十倍,而产品质量和一致性也得到大大提升;利用快速制模技术可以三维打印出用于金属制造的砂型,大大提高了生产效率和质量。目前,在铸造行业采用增材制造快速制模已渐成趋势。

6.2　激光增材制造技术

激光增材制造技术在激光熔覆技术和快速原型技术的基础上应运而生,迅速成为快速成形领域内最具发展前途的先进制造技术之一。激光熔覆技术是利用激光束将合金粉末与基体表面迅速加热并熔化,快速凝固后形成稀释率低、呈冶金结合的表面涂层,从而显著改善基体表面的耐磨、耐蚀等性能的表面改性技术,其材料供应方式为预置法和同步送粉法两种。该技术具有热影响区小、可获得具有良好性能的枝晶微观结构、熔覆件变形比较小以及过程易于实现自动化等优点,已广泛应用于耐磨图层和新材料制备。若同种金属材料多层熔覆,熔覆层间仍属于良好的冶金结合,这为制造和修复高性能致密金属零部件提供了可能性。

快速原型技术是一种基于离散/堆积成形思想的新型制造技术,是集成计算机、数控、激光和新材料等最新技术而发展起来的先进产品研究与开发技术。其基本过程是将三维模型沿一定方向离散成一系列有序的二维层片;分析每层轮廓信息,进行工艺规划,选择加工参数,自动生成数控代码;成形机制造一系列层片并将它们连接起来,得到三维物理实体。这样将一个物理实体的复杂三维加工离散成一系列层片的加工,大大降低了加工难度,且成形过程的难度与待成形的物理实体形状和结构的复杂程度无关。

金属零件激光增材制造技术是基于离散/堆积原理,以激光为热源,根据三维模型逐层熔化粉末或丝材制造出任意形状金属零件的数字化制造技术。该技术具有柔性好、制造工序少、生产周期短、节省材料和降低成本等特点,在航空、航天、医疗、汽车和新能源等领域的技术创新和产品开发中具有独特优势。激光增材制造技术可分为两大类:一类是基于堆焊原理的激光直接沉积增材制造零件毛坯,通过后续数控加工确保零件净尺寸,这类技术以激光近净形制造(LENS)、金属直接沉积(DMD)技术为代表;另一类是基于超细粉末扫描熔化的激光选区熔化增材制造技术，可实现零件的净制造，这类技术以选区激光熔化(SLM)、直接金属激光烧结(DMLS)为代表。

6.2.1　激光直接沉积增材成形技术

6.2.1.1　激光直接沉积增材制造技术基本原理及特点

激光直接沉积增材制造技术是基于快速原型技术和同步送粉或丝材多层熔覆技术结合而发展起来的新技术，其原理图如图 6.3 所示。该技术是基于离散/堆积原理，通过对零件的三维 CAD 模型进行分层处理，获得各层截面的二维轮廓信息并生成加工路径，以高能量密度的激光作为热源，按照预定的加工路径，逐层堆积，最终实现金属零件的直接制造和修复。该技术不仅继承了快速成形和激光熔覆技术的特点，而且还具有一些独特的优

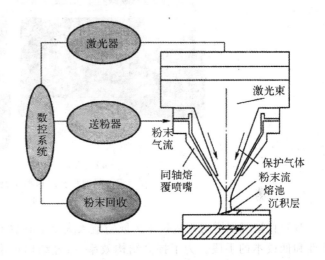

图 6.3　激光直接沉积增材制造技术原理

点：①制造速度快，节省材料，降低成本；②不需采用模具，使得制造成本降低 15%～30%，生产周期节省 45%～70%；③可以生产用传统方法难以生产甚至不能生产的形状复杂的功能金属零件；④可在零件不同部位形成不同成分和组织的梯度功能材料结构，不需反复成形和中间热处理等步骤；⑤激光直接制造属于快速凝固过程，金属零件完全致密，组织细小，性能超过铸件；⑥近成形件可直接使用或者仅需少量的后续机加工便可使用。

6.2.1.2　激光直接沉积增材制造技术的发展现状及应用

激光直接沉积增材制造技术的发展历史可追溯到 20 世纪 70 年代末期的激光多层熔覆研究，从 20 世纪 90 年代开始，国内外众多研究机构对同轴送粉激光快速成形技术的原理、成形工艺、熔凝组织、零件的几何形状和力学性能等基础性问题开展了大量的研究工作。如图6.4 和图 6.5 所示为同轴和侧向送粉实例。

(a)　　　　　　　　　　　(b)

图 6.4　同轴和侧向送粉实例(一)

(a)同轴；(b)侧向

（a） （b）

图 6.5　同轴和侧向送粉实例（二）

(a)梁;(b)接头

激光直接沉积增材制造技术为航空航天大型整体钛合金结构制造提供了一种短周期、高柔性和低成本的手段。为了提高结构效率、减轻结构重量和简化制造工艺，国内外飞行器越来越多地采用了大型整体钛合金结构。譬如，美国 F - 22 飞机钛合金用量已高达 41%，其中机身 4 个整体承力隔框采用整体大型钛合金锻件的最大投影面积达到 5.53 m^2，锻件毛坯重量达 1 897～2 976 kg，最终机械加工后零件质量仅为 83.7～143.8 kg，材料利用率达到 2.92%～4.90%，单件零件机械切削加工时间长达 6 个月以上。与锻压-机加工传统制造技术相比，激光直接沉积增材制造技术具有以下特点:无需零件毛坯制备，无需锻压模具加工，无需大型或超大型锻件工业基础设施及相关配套设施，材料利用率高，机加工量小，数控机加工时间短，生产制造周期短、工序少、工艺简单，具有高度的柔性与快速反应能力。采用该技术还可根据零件不同部位的工作条件与特殊性能要求实现梯度材料高性能金属零件的直接制造。

基于上述独特优势，1995 年以来，美国国防部先进计划部署和海军办公室先后实施了一系列专门研究计划，支持金属构件激光增材制造技术的研究。约翰·霍普金斯大学、宾夕法尼亚州立大学和MTS公司通过三年的钛合金激光增材制造技术研究，开发出一项以大功率 CO_2 激光熔覆沉积成形技术为基础的钛合金柔性制造技术，并于 1997 年成立 AeroMet 公司。该公司的目标就是实现具有高性能、大体积钛合金零件的制造，尤其是大型整体加强筋结构钛合金零件的快速成形。截至 2005 年，AeroMet 公司先后获得波音公司、格鲁门公司、洛克希德·马丁公司、美国空军和美国国防部后勤局等单位的经费支持，主要进行机身钛合金结构件的快速成形研发及飞机和舰船上钛合金件的修复，这一方面降低了钛合金零件的制造成本;另一方面为海空军部队进行了革新技术储备。另外，金属构件激光增材制造技术在航天领域也取得了较为广泛的应用。美国桑迪亚（Sandia）、洛斯阿拉莫斯（Los Alamos）国家实验室和密歇根大学马祖德（J. Mazumder）教授研究组分别提出了技术原理相类似的激光近净成型制造技术（Laser Engineered Net Shaping，LENS）、激光直接制造技术（Directed Laser

Fabrication，DLF)和金属直接沉积技术(Direct Metal Deposition，DMD)。Sandia 国家实验室采用 LENSTM 技术实现了某卫星 TC4 钛合金零件毛坯的成形，成形过程需要 64 h，完成零件的最终热处理，整个加工工序耗时 1 周。而此零件采用传统机械加工的方法则需要 11 周。美国铼公司则采用 DLF 技术实现了 SM3 导弹三维导向和姿态控制系统中铼零件的快速制备，与传统技术相比，可降低成本 50%，同时缩短 50% 的制造周期。经过十几年的发展，国外激光直接沉积增材制造系统典型代表包括德国通快(TRUMPF)和美国 POM 公司的 DMD505、美国霍夫曼(Huffman)公司的 HP-205 和美国 Optomec 公司的 Lens850 等。国外利用这些商业化的技术及设备已经取得了实质性的成果，可制备层叠材料、功能复合材料，裁缝式地制成"变成分"材料或研制整体叶盘、框和梁等关键构件，其力学性能已达到锻件的水平。该技术相关成果在武装直升机、AIM 导弹、波音 7×7 客机、F/A-18E/F 和 F-22 战机等方面均有实际应用，已成为美国航空航天国防武器装备金属结构件的核心制造新技术之一。

激光直接沉积增材制造技术为航空航天、工模具等领域高附加值金属零件的修复提供了一种高性能、高柔性技术。由于工作环境恶劣，飞机结构件、发动机零部件和金属模具等高附加值零部件往往因磨损、高温气体冲刷烧灼、高低周疲劳或外力破坏等因素导致局部破坏而失效。另外，零件制造过程中误加工损伤是其被迫失效的另一个重要原因。若这些零部件被迫报废，将使制造厂蒙受巨大的经济损失。与传统热源修复技术相比，激光直接沉积增材制造技术因激光的能量可控性、位置可达性高等特点成为铸件关键修复技术。如图 6.6 所示给出了激光熔覆修复技术在航空航天中的典型应用。

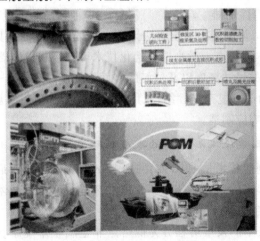

图 6.6 国外激光熔覆修复技术应用

自第十个"五年计划"开始，国内激光直接沉积增材成形技术获得了国家重点项目支持。许多研究机构相继开展了激光快速成形与修复技术及其设备的开发研制，并取得了一定成果。在飞机大型整体钛合金主承力结构件激光快速成形及装机应用关键技术的研究方面取得了突破性进展，研制出某型号飞机钛合金前起落架整体支撑框、C919 接头窗框等金属零部件。对某型号发动机钛合金整体叶轮误加工超差进行修复，目前已顺利通过试车考核。然而，目前激光修复技术存在工艺与装备集成度低、修复效率低且工艺可靠性较差等技术难题，难以满足飞机主承力关键金属零件的损伤修复需求。

6.2.1.3 激光直接沉积增材制造技术的发展趋势

激光直接沉积增材制造技术将向工艺和装备一体化高度集成式发展，重点解决航空发动机和先进飞行器的大型金属零件毛坯的直接制造和修复、功能梯度结构制造。对于降低航空航天、兵器和核工业等武器装备的金属零部件研制和维护成本也具有广泛的应用前景。

6.2.2 激光选区熔化成形技术

6.2.2.1 激光选区熔化成形技术基本原理及特点

激光精密增材成形技术是基于离散/堆积成形思想的先进增材制造技术，把零件三维模型沿一定方向离散成一系列有序的微米量级薄层，以激光为热源，根据每层轮廓信息逐层扫描熔化预置金属粉末，直接制造出任意复杂形状的净成形零件，无需数控加工，仅需热处理和表面光整零件即可，其原理如图 6.7 所示。该技术可攻克复杂金属构件的难

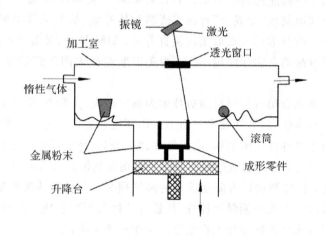

图 6.7 激光选区熔化增材制造技术原理

加工、周期长等技术瓶颈，可制造出传统方法无法加工的复杂零件，具有大幅减少制造工序、缩短生产周期和降低成本等特点。激光选区熔化技术可直接制成终端金属产品，省掉了中间过渡环节；零件具有很高的尺寸精度以及较好的表面粗糙度（$Ra=10\sim30~\mu m$）；适合各种复杂形状的工件，尤其适合内部有复杂异性结构、用传统方法无法制造的复杂工件；适合单件和小批量复杂结构无模、快速响应制造。

6.2.2.2 激光选区熔化成形技术的发展现状及应用

激光选区熔化增材制造技术是 1995 年由德国 Frauhofer 研究所最早提出，并在金属粉末选择性烧结基础上发展起来的，2002 年该研究所在激光选区熔化技术方面取得了巨大成功，采用此技术一次性地直接制造出了完全致密的零件。

激光精密增材成形技术的发展历程分为低熔点非金属粉末烧结、低熔点包覆高熔点粉末烧结和高熔点粉末直接熔化成形等阶段。美国德克萨斯大学奥斯汀分校的卡尔·R.德卡德（Carl R. Deckard）在 1986 年最早申请专利，1988 年研制成功了第一台激光增材制造设备，由 DTM 公司将其商业化，推出 SLS Model125 成形机，推出了 Sintersation 系列成形机。随后德国、英国和中国等国家成立了一批激光粉末烧结公司，推出各自的烧结设备。21 世纪之前，激光精密增材成形主要用于蜡模、沙模等制造，为精密铸造提供模型。成形金属零件，早期采用低熔点金属或有机黏结材料包覆金属材料，在加工过程中，低熔点材料熔化或部分熔化，但熔点较高的金属材料并不熔化，而是被熔化或者部分熔化的低熔点材料包覆黏结在一起，从而形成类似于粉末冶金烧结坯件一样的原型。这种原型表面粗糙，疏松多孔，力学性

能差，常常还需要经过高温重熔或渗金属填补孔隙等后处理以后才能使用。由于 CO_2 激光、YAG 激光的束流品质限制，所以前期金属激光精密增材成形的致密度较差，难以满足复杂薄壁结构的制造需求。随着高亮度光纤激光出现，国外金属激光精密增材成形技术的发展突飞猛进。近年来，英国、德国、法国、美国和瑞典等发达国家先后开发出 GH4169，AL-Si10Mg，CoCr 和 TC4 等合金技术复杂结构的激光精密增材成形设备，并开展了应用基础研究。国外著名的罗·罗、通用电气、普惠、MTU、波音、EADS 和空客公司等航空航天武器装备厂商已利用此技术开发出商业化的金属零部件(见图 6.8)。

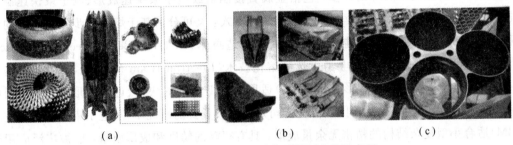

图 6.8　国外激光选区熔化增材制造典型应用

(a)复杂薄壁型腔及点阵结构；(b)进气罩；(c)喷气发动机排气管

国内激光增材制造专业建立于 20 世纪 90 年代后期，最初主要是开展有机材料和覆膜陶瓷的激光快速原型技术研究。进入 21 世纪，尤其是第十一个"五年计划"以来，激光增材制造技术获得了长足发展，研究团队不断发展壮大，重点突破了金属零件激光精密增材成形技术和装备研究，研制出国内最大的激光精密增材成形的空间曲面多孔金属件。该团队突破了原材料、成形工艺、后续热处理和表面处理等零件整个研制工序，同设计单位编制和制订了金属零件的激光精密增材成形的材料和制件技术条件以及相关的工艺规程和规范，为该技术在型号产品上应用奠定了坚实基础。

国内激光选区熔化增材制造技术仍处于起步阶段，虽然很多单位曾在设备和工艺方面开展了大量基础理论研究，但该技术工程化应用的基础研究仍非常薄弱。2009 年以来，通过与国际著名激光粉末烧结设备制造商 EOS 公司开展技术交流，我国自主开发建立了激光选区熔化增材制造技术平台，研制出一些典型金属结构件，但仍受高精密铺粉技术、层片扫描轨迹优化设计、应力及变形协调控制等基础问题制约。

6.2.2.3　激光选区熔化增材成形技术的发展趋势

激光选区熔化成形技术今后的重点发展方向：大型高精度的激光选区熔化增材成形设备研制，扩大成形材料范围，基于增材制造理念的设计、工艺和材料一体化技术研究。通过拓扑优化设计结构，激光选区熔化技术可制造出重量大幅减轻的航空航天金属结构件。目前，金属零件激光增材技术面临的主要挑战包括成形过程应力及变形、材料组织及性能控制、质量检测及标准建立等。

该技术在航空航天、核工业和兵器等新型号研制，现役型号技术升级等方面具有广阔的应用前景，还可应用于电子器件、生物植入和能源等我国战略新兴产业领域，对于加快我国产品升级换代、坚持自主创新和转变经济发展方式具有长远战略意义。

6.3 电子束增材制造技术

电子束增材制造是指利用计算机对零件的三维 CAD 模型进行分层切片并规划出各层面加工路径,在真空环境中,电子束熔化送进的金属丝材或预先铺放的金属粉末,按照预先规划的路径层层堆积,形成致密的冶金结合,直接制造出金属零件或近净成形的毛坯技术。不同的开发单位对该技术的称谓较多,包括金属直接制造或电子束快速成形、电子束快速制造或电子束自由成形制造等。根据材料形成和送进方式,又可分为基于熔化同步送进丝材的电子束熔丝沉积成形技术(又称电子束自由成形制造技术(Electron Beam Freeform Fabrication, EBF))和基于预铺粉末的电子束选区熔化技术(Electron Beam Melting, EBM)。基于熔化丝材的电子束熔丝沉积成形技术(EBF)适用于大型结构的快速、近净成形制造,美国国家航空航天局兰利研究中心、美国西亚基公司是该领域重要的研究单位;电子束选区熔化技术(EBM)适合小型复杂结构的精密无余量成形,具有很高的精度和成形质量,已被广泛应用于航空、航天、汽车和医疗等行业。

6.3.1 电子束熔丝沉积成形技术

6.3.1.1 电子束熔丝沉积成形技术基本原理及特点

基于熔丝沉积的电子束快速成形技术原理如图 6.9 所示。计算机把零件的三维 CAD 模型进行分层处理,获得各层截面的二维轮廓信息并生成加工路径,在真空环境中,高能量密度的电子束轰击金属表面形成熔池,送丝装置将金属丝材送入熔池并熔化,同时熔池按照预先规划的路径运动,金属凝固,逐线、逐层堆积,形成致密的冶金结合,直接制造出金属零件或毛坯。

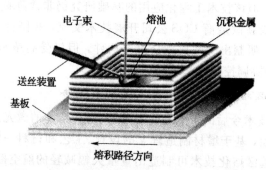

图 6.9 电子束熔丝沉积快速成形技术原理图

电子束快速成形技术具有一些独特的优点,主要表现在以下几个方面。

(1)成形速度快、周期短,有利于大型结构高效制造。激光快速成形技术中较为典型的是美国 Sandia 国家实验室开发的 LENS(Laser Engineered Net Shape)技术,这种方法通常采用低功率(750 W)的 Nd:YAG 激光器,沉积速度一般在 50~200 g/h,低沉积速度在制造小型、精细零件时较为理想,但对于大型零件,由于沉积时间过长,实用性受到限制。要增大沉积速度，需要更高功率的热源。用高功率的 CO_2 激光器或光纤激光器可将沉积速度提高到 2 kg/h。

电子束实现大功率较为容易，很容易实现数十千瓦大功率输出，同时电子束是电控聚焦，输出功率可在较宽的范围内升降，既可在较低功率下获得较高的精度(1 mm)，也可在较高功率下达到很高的沉积速度(15 kg/h)，比激光快速成形速度高出数倍到数十倍，对于大型金属结构的成形，电子束快速成形沉积速度优势十分明显。

另一重要优势是电子束与沉积材料之间的能量耦合效率。激光束散射范围是 40%～95%，因此一部分输入能量从熔池中反射并散失到大气中。这限制了一些材料如铝、铜用激光沉积的效率。电子束的耦合能非常高，材料不受约束，允许高反射材料有效沉积。电能与电子束能量转换效率达到 95% 以上，一般 CO_2 激光器的电/光能量转换效率在 20% 左右，YAG 激光器的电/光能量转换效率只有 2%～3%，可利用的有效功率相对较低。

(2)保护效果好，不易混入杂质，能够获得优异的内部质量。电子束快速成形在 10^{-3} Pa 真空环境中进行，保护效果依赖于真空度。高真空能有效避免有害杂质(氧、氮、氢等)在高温状态下混入金属零件，非常适合钛、铝等活性金属的加工。激光、电弧快速成形一般在惰性气体环境中进行，保护效果依赖于惰性气体的纯净度，一般而言，控制真空度较为容易，而控制惰性气体中的有害杂质含量较为复杂，保护的难度大，惰性气体的消耗成本也很大。对活性较强的铝合金、钛合金，尤其是大型零件，电子束快速成形的保护效果更好，且更容易实现。电子束是体热源，偏摆扫描电子束还具有冲击搅拌作用，有利于堆积层间和堆积路径间充分熔凝，能有效减少未熔合、偏析等缺陷，熔池的剧烈搅拌运动有利于减少气孔缺陷，因此电子束快速成形可以获得良好的内部质量。

(3)工艺方法控制灵活，可实现大型复杂结构的多工艺协同优化设计制造。电子束功率大，并可通过电磁场实现运动及聚焦控制，可实现高频率复杂扫描运动，利用面扫描技术，可以实现大面积预热及缓冷，利用多束流分束加工，可以实现多束流同时工作，一个束流用于成形，同时下路径周围用其他电子束进行面扫描施加温度场，这对控制大型结构成形过程中的应力与变形具有重要意义。在同一台设备上，既可实现熔丝堆积，也可实现深熔焊接。可根据零件的结构形式以及使用性能要求，采取多种加工技术组合，实现成本最低化、性能最优化或工艺最优化。利用电子束的多功能加工技术，可以实现大型复杂结构的多工艺协同优化设计制造，允许用户用成本效益最好的方式达到制造零件的目的。

(4)丝材熔化效率高、易清洁，可用于太空失重环境的成形。电子束快速成形理论上可以加工任何金属导体，但受到制丝工艺的限制，一般要求材料有良好的延展性。与粉末相比，丝材表面积小，不易吸附杂质，且容易通过酸洗、打磨等工艺清理，制丝过程本身也是对材料内部质量的检验过程，含有杂质的地方更容易被拉断，使用丝材作为成形的原材料更容易保证材料的纯净性。

在太空环境中需要用快速制造技术建造大型基地，所以美国国家航空航天局已开展了多年的相关技术研究。但是在外太空微重力环境下，粉末很容易逸散，对空间站的安全也造成了很大威胁。丝材可达性好，不受重力影响，而且外太空是天然的高真空环境，因此基于熔丝的电子束快速成形非常适用于外太空环境下的结构制造。

（5）低消耗、低成本、零污染、高效、节能和环保，是一种应大力推广的绿色制造技术。电子束快速成形沉积效率高，成形时间短，消耗电能少。成形过程无需惰性气体，除了少量作为阴极的钨丝外，成形装备几乎无损耗。电子枪长时间大功率状态下工作可靠性高，使用寿命远高于激光器或等离子发生电源。成形过程封闭在真空室中，无弧光、烟尘和噪声等，节能无污染，是一种绿色的制造技术。

与锻造/铸造＋机械加工技术相比，电子束熔丝沉积快速成形技术无需大型铸、锻模具，直接由零件 CAD 模型转化成近净成形的零件毛坯，无需中间热处理和粗加工等工序，材料可节省 80%～90%，可减少 80% 的机械加工量，缩短 80% 以上的生产周期，有效降低成本，对于航空航天领域的昂贵金属材料，如钛合金、铝合金和镍基合金，成本节约尤为可观；与激光或电弧快速成形相比，成形效率高数十倍，可节约大量成本。

6.3.1.2　电子束熔丝沉积成形技术的发展现状

1995 年，美国麻省理工学院的戴维（Dave V. R.）在其博士论文中，首次提出了电子束实体自由制造（Electron Beam Solid Freeform Fabrication，EBSFF）的概念。Dave V. R.、马茨（Matz. J. E.）及伊格（Eagar T. W.）等人建立了 EBSFF 装置，并试制了 In718 涡轮盘。目前，世界上主要的研究机构有美国国家航空航天局兰利研究中心（NASA Langley Research Center）、美国西亚基（Sciaky）公司等。

兰利研究中心从 2000 年开始电子束熔丝沉积技术研究，早期致力于太空失重环境下的成形制造，为在外太空实施金属结构成形储备技术。2008 年以来，兰利研究中心利用较为成熟的技术，开始转向航空发动机、飞机机体结构等制造。兰利研究中心研制了可用于太空使用的低压小功率电子束快速成形设备。

Sciaky 公司是著名的焊接装备制造商，从 2000 年开始进行电子束熔丝沉积成形技术研究，能够生产具有六自由度、双路送丝及闭环监控的电子束成形设备。目前在美国国防部支持下，Sciaky 公司与 NASA、波音公司、洛克希德·马丁公司和弗吉尼亚大学等众多单位合作，进行产、学、研、用结合，力图进一步提高技术成熟度，加快应用进程。Sciaky 公司除进行装备开发外，还进行工艺研究和产品加工，具备加工 5.8 m×1.2 m×1.2 m 大型钛合金结构的能力，计划将该技术应用于空间站、海军无人机、F-35 战斗机和新一代运输机等型号上，以降低制造成本，缩短研制周期。

国内于 2006 年开展该技术的研究，开发出国内首套电子束熔丝沉积成形系统，研制的钛合金零件已装机飞行，是世界上电子束快速成形技术在飞机上的首次应用。

6.3.1.3　电子束熔丝沉积成形技术的应用及发展前景

2013 年 1 月，美国 Sciaky 公司在宾夕法尼亚州立大学演示了电子束直接制造技术，利用该技术制造的零件用在 F-35 战斗机副翼上，并进行了飞行测试验证。此次活动由美国国家增材制造创新研究所、国防先期研究计划局和数字化金属沉积制造技术创新中心主办，展示了电子束熔丝沉积增材制造方面的最新突破。

2002 年至今，美国 NASA 兰利研究中心和 Sciaky 公司联合洛克希德·马丁公司、波音公司、空军和海军等单位开展钛合金结构的电子束堆积成形制造技术的研究、测试和评估工作。2011 年美国修订了 AMS4999 标准，规定了电子束直接成形 TC4 合金的技术要求。

2002 年，美国 Sciaky 公司与 Beaver Aerospace and Defence 公司合作，利用电子束堆积成形与电子束焊接组合加工的办法，制造了大型 Ti-6Al-4V 金属万向节（见图 6.10(a)），其尺寸为 ϕ432 mm×297 mm（高），壁厚 76 mm，共用 5 周时间。Sciaky 公司与洛克希德·马丁公司制造的 F-22 钛合金支座经过两次全寿命广谱疲劳试验后又成功通过了最终负载试验，没有发现任何变形（见图 6.10(b)）。

图 6.10　Sciaky 公司用电子束堆积成形技术制造的钛合金零件
(a)钛合金万向节；(b)F-22 上的钛合金支座

2005—2007 年，美国波音公司与 Sciaky 公司合作以 6.75 kg/h 的沉积速度制备试验件，并对各个部位取样，并根据 AMS4999 标准进行了第一阶段测试，其力学性能均满足要求。Sciaky 公司在电子束堆积成形技术的推动方面起到了重要作用，在美国国防部支持下，Sciaky 公司联合弗吉尼亚大学等研究机构，实现了成形过程中对束流形态、熔池温度、尺寸与零件温度等的实时监控，能够根据零件材料和结构预先模拟成形过程并生成修正后的加工方案。目前，Sciaky 公司成形钛合金时，最大成形速度可达到 18 kg/h，其制造的飞机大型钛合金梁轮廓尺寸达到 2 500 mm×1 000 mm×500 mm（见图 6.11）。

图 6.11　Sciaky 公司用电子束成形技术制造的飞机钛合金梁

NASA 兰利研究中心开发电子束堆积成形技术最初是为了实现在太空环境中制造超大型金属结构的目标，并为此进行了长期的试验研究。在技术逐渐成熟后，兰利研究中心从 2008 年开始逐步涉足航空飞行器结构的制造，其制造的航空发动机机匣结构壁厚仅为 12 mm，如果用锻造技术则需要 76 mm（见图 6.12）。兰利研究中心针对下一代大型运输机铝合金带筋舱体结构开展了预先研究，相比传统的焊接、铆接结构，重量大大减轻且工序更为简单，制造成本也明显降低（见图 6.13）。2008 年，NASA 制订了 2014 年的研究计划，包括发展多功能设备以完成包括成形、后续加工在内的全部工作，目前正与洛克希德·马丁公司、波音公司、空军和海军等部门单位合作加速规范、标准的制定，目标是将其应用在大型飞机机舱壁板、飞机钛合金结构和发动机结构的制造上。

图 6.12　NASA 用电子束熔丝沉积成形制造的航空发动机匣

图 6.13　NASA 针对大型飞机带筋舱体进行的电子束堆积成形技术研究

2007 年，美国并行技术公司(Concurrent Technologies Corporation，CTC)领导了一个综合小组，针对海军无人战斗机计划(Navy Unmanned Combat Air Program)，制订了无人战斗机金属制造技术提升计划(N‑UCAS Metallic Manufacturing Technology Transition Program)，选定电子束熔丝沉积成形技术作为未来大型结构低成本高效制造的方案。计划的第一阶段是技术开发和评估；第二阶段是制造全比例大型重要结构并进行技术验证，目标是将无人机金属结构的重量和成本降低 35%。

总体而言，国外电子束堆积成形技术发展十分迅速，已经逐渐从实验室走向工程应用。研究的重点在于大型结构的低成本制造。其技术手段多为"混合制造技术"，即包含了锻造、堆积成形甚至焊接技术的多种技术组合，实现零件制造成本的最低化。根据洛克希德·马丁公司的测算，F‑35 上的襟副翼翼梁如果使用电子束熔丝沉积成形技术，全寿命周期能节省一亿美元，如果 3 000 多架战斗机都使用这种技术，将可节省数十亿美元。

我国于 2006 年开始电子束熔丝沉积成形技术的研究工作，开发了国内首台电子束熔丝沉积成形设备，并在电子束焊机的基础上改造了一台目前国内最大的电子束堆积成形设备。在此基础上，我国研究了 TC4，TC18 钛合金的力学性能，研制了大量钛合金零件和试验件，初步得到技术验证。2012 年，电子束快速成形钛合金零件在国内首次实现装机应用。

6.3.1.4　电子束熔丝沉积成形设备

电子束熔丝沉积成形设备(见图 6.14)，主要由真空室及真空装机组、电子枪及高压电源、送丝系统、多自由度运动机构、监控系统及控制软件构成。与电子束焊接设备相比,电子束熔丝沉积快速成形设备的自由度较多,且必须有 Z 向升降功能、送丝系统及多层连续堆积功能。电子束快速成形设备的送丝系统由储丝轮、矫直机、送丝机、导丝软管、对准装置及出丝导嘴组成,如图 6.15 所示。无论定枪式还是动枪式设备,都需要丝端与熔池的相对位置固定,也就是出丝导嘴与电子枪的相对位置固定。目前,世界上独立开发电子束自由成形设备的单位主要有美国国家航空航天局兰利研究中心、美国 Sciaky 公司等,开发的设备多应用于航空航天领域。

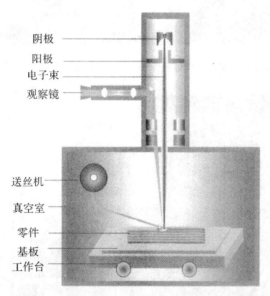

图 6.14　电子束熔丝沉积快速成形技术原理图

图 6.15　电子枪及送丝系统

(美国 Sciaky 公司)

1—储丝轮;2—导丝软管;3—对准装置;

4—出丝导嘴;5—送丝机;6—矫直机;7—电子枪

Sciaky 公司是专业电子束加工设备供应商,其中有些设备提供给 NASA 兰利研究中心及洛克希德·马丁公司使用,如图 6.16～图 6.21 所示。Sciaky 公司生产的电子束快速成形设备具有以下特点:多为动枪式;运动系统自由度多,最多达到 7 个,能够加工十分复杂的零件;功率大(可达 60 kV/40 kW),因而成形速度快(可达 18 kg/h);具有熔池温度监控、送丝精度监控以及成形工艺仿真与优化等功能。

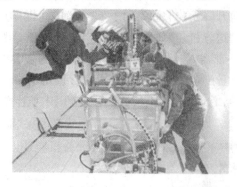 

图 6.16　美国 NASA 的电子束成形失重试验　图 6.17　美国 NASA 用失重试验的电子束成形设备

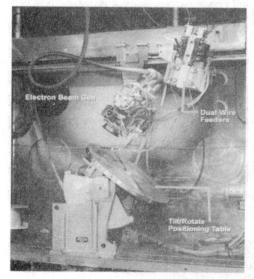 

图 6.18　美国 NASA 兰利研究中心的设备　　　　图 6.19　美国 Sciaky 公司的设备

图 6.20　美国 Sciaky 公司五坐标设备　　　　图 6.21　美国 Sciaky 公司六坐标设备

我国于 2006 年开发了第一台设备样机，功率为 8 kW，具备 3 个自由度，独立开发了数据处理与控制软件，真空室尺寸为 1.2 m×0.6 m×0.9 m，有效加工范围为 240 mm×160 mm×16 mm，如图 6.22 所示。在此基础上，我国于 2010 年研制了一台大型工程应用型设备，采用真空室内动枪结构，电子束功率为 60 kV/60 kW，有效加工范围为 2.1 m×0.6 m×0.85 m，具有 X, Y, Z 三个自由度，双通道送丝系统具有三维对准装置。正在开发中的大型立式电子束快速成形设备在成形尺寸、加工柔性、成形软件和在线监控等方面作了较大的提升，并独创了丝材快速补给系统，大大提高了加工效率。当前正在研制的大型立式设备如图 6.23 所示，其基本参数为电子枪功率为 60 kV/15 kW，真空室体积为 46 m³，有效加工范围为 1.5 m×0.8 m×3 m，5 轴联动，双通道送丝，具有快速补给系统。

图 6.22　60 kV/8 kW 定枪式 EBFFF 设备和 60 kV/60 kW 动枪式 EBFFF 设备

图 6.23　60 kV/15 kW 大型立式设备

6.3.2　电子束选区熔化成形技术

6.3.2.1　电子束选区熔化成形技术基本原理及特点

如图 6.24 所示为电子束选区熔化成形的基本原理，利用计算机把零件的三维模型进行分层处理，获得各层截面的二维轮廓信息并生成加工路径，电子束按照预定的路径进行二维图形的填充扫描，熔化预先铺放的金属粉末，逐层堆积，最终实现致密金属零件的近净成形直接制造。

CAD建模　　　　　堆积制造　　　　　分层处理　　　　　后处理

图 6.24　电子束选区熔化成形技术基本原理

电子束选区熔化技术的特点如下：

(1)真空工作环境，能避免空气中的杂质混入材料；

(2)电子束扫描控制依靠电磁场，无机械运动，可靠性高，控制灵活，反应速度快；

(3)成形速度快，可达 60 cm^3/h，是激光选区熔化的数倍；

(4)可利用电子束扫描、束流参数实时调节控制零件表面温度，减少缺陷与变形；

(5)良好的控温性能使其能够加工 TiAl 等金属间化合物材料；

(6)尺寸精度可达±0.1 mm，表面粗糙度在 $Ra=15\sim50\ \mu m$ 之间；

(7)真空环境下成形，无需消耗保护气体，仅消耗电能及不多的阴极材料，且未熔化的金属粉末可循环使用，因此可降低生产成本；

(8)可加工钛合金、铜合金、钴基合金、镍基合金和钢等材料，用于航空、航天、汽车和医疗植入物等领域。

6.3.2.2　电子束选区熔化成形技术的发展现状

20 世纪 90 年代初期的瑞典 Chalmers 工业大学与 Arcam 公司合作开发了电子束选区熔化快速成形(Electron Beam Melting,EBM)技术，并以 CAD-to-Metal 申请了专利。2003 年，瑞典的 Arcam AB 公司独立开发了 EBM 技术及设备，目前以制造 EBM 设备为主，产品已成系列，兼顾成形技术开发。美国、日本、英国和德国等许多研究机构、企业和大学从该公司购置了 EBM 设备，在医疗、汽车、航空、航天和艺术造型等不同领域开展研究，其中生物医学植入物方面的研究较为成熟。近年来，EBM 技术在航空航天领域的应用也迅速兴起，美国波音公司、Synergeering group 公司、CalRAM 公司和意大利 Avio 公司等在针对火箭发动机喷管、承力支座、起落架部件和发动机叶片等方面的研究渐趋成熟，有的已批量应用。瑞典 Arcam 公司的 EBM 设备使用的粉末为气雾化法制备，尺寸为 $45\sim100\ \mu m$，材料有纯钛、Ti6Al4V、H13 钢、低合金钢和耐磨合金等。近年来 Arcam 公司还针对航空发动机涡轮叶片制造开发了 TiAl 合金。由于材料对电子束能量的吸收率高且稳定，因此电子束选区熔化技术成为一些特殊材料和结构直接制备技术的首选。

国内相关科研单位利用 Arcam 公司生产的设备开展了钛合金、TiAl 基合金等方面的研究。

6.3.2.3　电子束选区熔化成形技术的应用及发展前景

EBM 技术的应用领域主要在航空航天、医疗和汽车领域。

(1)EBM 技术在航空航天领域的应用。EBM 技术可用于航空发动机或导弹用小型发动机多联叶片、整体叶盘、机匣、增压涡轮、散热器、飞行器筋板结构、支座、吊耳、框梁和起落架结

构的制造，其共同特点是结构复杂，用传统机械加工的方法费时费料，加工难度较大。通过
EBM 成形技术，能够在短时间内获得满足性能要求的近净成形结构，经过少量的表面处理即
可投入使用。

如图 6.25 所示为 EBM 技术在航空领域的典型应用。

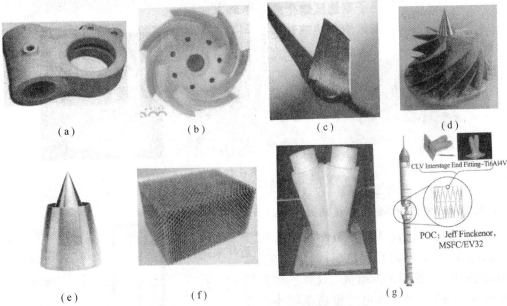

图 6.25　EBM 技术在航空领域的典型应用

(a)飞机起落架部件；(b)推进器；(c)叶片；(d)增压涡轮；

(e)火箭喷嘴；(f)金属蜂窝结构；(g)运载火箭连接件支撑座

(2)EBM 技术在医疗领域的应用。在生物学领域可以依据患者需要，量身制作人体植入
物，如图 6.26 所示。材料有纯钛，Ti6Al4V，Ti6Al4VELI 和钢等。

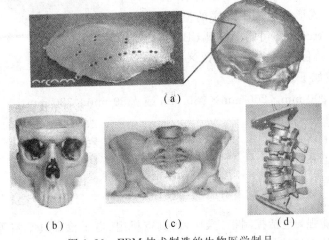

图 6.26　EBM 技术制造的生物医学制品

(a)头盖骨 Ti6Al4V；(b)头盖骨 Ti6Al4V；(c)盆骨 Ti6Al4V；(d)脊椎骨 Ti6Al4V

(3)EBM 技术在汽车领域的应用。在汽车行业，EBM 技术主要用于发动机结构、工具和
模具快速制造，如图 6.27 所示。

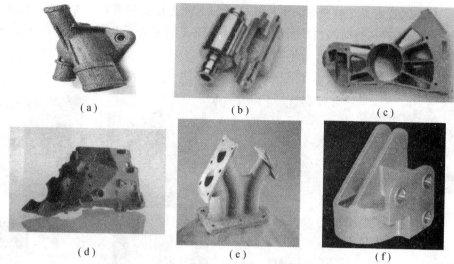

（a）　　　　　　　（b）　　　　　　　（c）

（d）　　　　　　　（e）　　　　　　　（f）

图 6.27　用 EBM 技术制造的汽车零件

6.3.2.4　电子束选区熔化成形设备

电子束选区熔化设备主要由小功率高精度
电子枪、电源、真空室及真空机组、铺粉装置、成
形舱及升降装置、控制系统组成，设备原理如图
6.28 所示。用于 EBM 的电子枪功率较小，约
3 kW，但要求束斑小，重复定位精度高，对电子
枪的聚焦系统、偏转扫描系统要求较高。铺粉装
置实现粉末逐层铺放并压实，一般每层厚度控制
在 0.1 mm，同时对于已烧结的凸起有较好的容
忍性，否则会导致粉末铺放不平整。控制系统保
护设备硬件的控制、成形过程加工程序的控制及
实时监测与反馈。Arcam 公司的 A2 型 EBM 设
备如图 6.29 所示。目前最先进的 A2××型
EBM 设备基本参数如下。

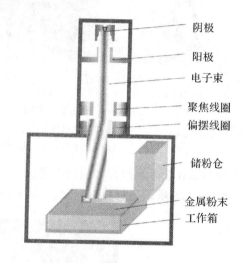

阴极

阳极

电子束

聚焦线圈

偏摆线圈

储粉仓

金属粉末

工作箱

图 6.28　EBM 系统原理示意图

最大制作尺寸 200 mm×200 mm×380 mm 或 ϕ350 mm×380 mm；

尺寸精度±0.4 mm；

最大熔积速度 60 cm³/h；

层厚 0.05～0.2 mm；

电子束定位精度±0.05 mm；

CAD 格式为标准 STL 格式。

该设备整体性能强，包括控制柜、操作台、真空机组、电子枪和真空室等所有部分都整合
在两个连接在一起的方形箱体中，并有可打开的维护窗口，外形极为简洁，能够减少或避免
一些由于碰撞、暴露或相互接触等引起的线路或器件故障，安装调试非常简单，在很短的时
间内即可投入生产。先进的电子枪可以获得高品质的电子束流，束流的控制精度极高，独特
的铺粉装置能够在铺粉的同时将粉末压实，柔性篦齿型刮板能够在碰到硬物时局部抬高，保

证铺粉的均匀平整。封闭式的储粉舱及束流通道可以避免抽真空或放气时气流对粉末的扰动。先进的数据处理系统能够对通用 STL 格式的三维模型进行处理，并可实现无人值守、远程加工。

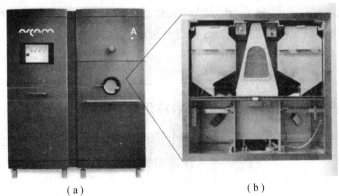

（a）　　　　　　　　　　　（b）

图 6.29　Arcam 公司的 A2 型 EBM 设备

（a）设备外观；（b）工作舱

在国家自然科学基金的支持下，我国于 2004 年开展了电子束选区熔化技术及装备的开发，已成功开发了 EBSM － 150 和 EBSM － 250 等多个型号的设备，并在前期技术开发的基础上，正在开发具有较好开放性的 EBM 成形制造平台，该平台具有较为广泛的粉末材料适应性，并可同时使用两种金属粉末，制造具有材料梯度结构的零件。

6.4　线性摩擦焊增材制造技术

6.4.1　线性摩擦焊增材制造技术原理与特点

线性摩擦焊（LFW）可以将单个零件依次焊接在一起，形成整体目标构件。该方法可以节约大量原材料，降低构件制造成本，减少加工工时，降低能量损耗，是一种安全环保的材料成形加工方法。鉴于线性摩擦焊加工成形特点，英国焊接研究所（TWI）将其归类于增材制造技术的一种。与其他增材制造技术相比，线性摩擦焊具有加工效率高、成形质量好和生产成本低等独特优点。如图 6.30 所示为线性摩擦焊增材制造示意图，从中可以看出利用线性摩擦焊能够实现由简单零件到复杂构件的制造。

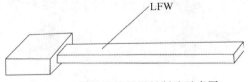

图 6.30　线性摩擦焊增材制造示意图

线性摩擦焊增材制造技术是近年来提出的新概念，这方面的文献资料相对较少。2007年，斯拉特格尔·P. L.（Threadgill P. L.）与拉塞尔·M. J.（Russell M. J.）曾发表过关于线性摩擦焊（LFW）、旋转摩擦焊（RFW）与搅拌摩擦焊（FSW）增材制造技术在钛合金构件中应用的综述性论文。2008 年，TWI 研究人员艾迪生·A. C.（Addison A. C.）探索了线性摩擦焊增材制造技术在工程金属中的创新性应用。到目前为止只有波音公司申请过一项线性摩擦焊增材制造技术的专利(专利号:US2005127140),该专利主要涵盖了整体结构的设计思想与线性摩擦焊加工成形技术,同时还涉及了翼助结构的线性摩擦焊制造。

与熔焊增材制造技术相比,线性摩擦焊增材制造技术具有以下特点:

(1)固相焊接,焊接金属中不会形成气孔、夹渣以及偏析等缺陷,焊接接头性能良好;

(2)对焊接材料有广泛的适应性,可实现异种材料的连接;

(3)焊接过程可实现自动化,焊接效率高;

(4)其局限性是设备的一次性投资大。

6.4.2 线性摩擦焊接增材制造技术应用

目前线性摩擦焊在增材制造的成功应用主要有两个方面:一是航空发动机整体叶盘;二是燃气轮机整体涡轮。如图 6.31 所示为线性摩擦焊增材制造技术在整体叶盘中的成功应用示例。

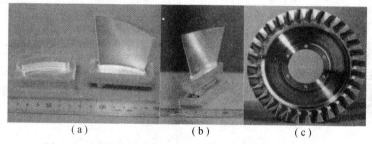

（a）　　　　　　　（b）　　　　　　　（c）

图 6.31　线性摩擦焊增材制造技术在整体叶盘上的应用

(a)焊前试件;(b)焊后试件;(c)线性摩擦焊整体叶盘

如图 6.32 所示为线性摩擦焊制造的导向叶片模拟件。可以看出,与整体机械加工相比,线性摩擦焊增材制造技术节约了大量原材料。

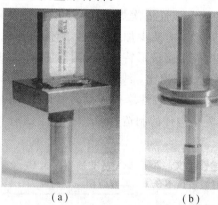

（a）　　　　　　　（b）

图 6.32　线性摩擦焊导向叶片模拟件

(a)焊接后;(b)机械加工后

线性摩擦焊增材制造技术除了在整体叶盘与导向叶轮中的应用外,国外已经开始探索其在飞机钛合金构件上的应用。如图 6.33 和图 6.34 所示为 Russel M.J.采用线性摩擦焊增材制造技术研制的飞机构件样件。传统的加工方法是对整个毛坯采用机械加工成形,造成材料的大量浪费。可以看出,采用线性摩擦焊后可以节约大量的原材料,大大降低制造成本。

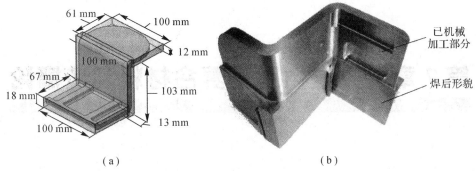

图 6.33　线性摩擦焊成形的 Z 形构件

(a)设计模型；(b)焊接后构件(局部已加工)

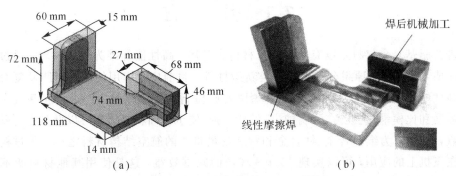

图 6.34　线性摩擦焊成形的 C 形构件

(a)设计模型；(b)焊接后构件(局部已加工)

　　线性摩擦焊技术是新型的焊接技术，在整体叶盘与导向叶片中的成功应用表明线性摩擦焊在高性能整体结构制造中存在的重大潜力，因此应充分考虑线性摩擦焊增材制造技术的特点，拓展其在实际生产中的应用范围(预期应用见表 6.1)，提高构件性能，降低制造成本。

表 6.1　线性摩擦焊增材制造技术的预期应用

应用/产品	材　料	应用领域
燃气涡轮机的导向叶轮	镍基合金、钛合金、奥氏体不锈钢	电力生产
航空发动机整体叶盘	钛合金、镍基合金	航空
结构零件与加强部件	钛合金、铝合金	航空、轨道、海事
高性能梁与轴有凸起的结构	C－Mn 钢、不锈钢、钛合金	机动车、航空、建筑结构
液体/气体冷却散热片	铝合金、铜合金	汽车电子设备与传感器
船舶推进器叶片	不锈钢、铜合金	海事
内燃机部件	C－Mn 钢、钛合金、镍基合金	机动车、航空
高压容器部件(如喷管等)	铁素体钢、镍基合金	核工业、电力生产、油、气
模具	铝合金、镁合金	机动车、医疗
化工装置连接件	钛合金、不锈钢	电力生产、油、气、核工业
机动车体支架	铁素体钢、铝合金	机动车

第 7 章　先进树脂基复合材料制造概论

7.1　引　言

先进树脂基复合材料是以有机高分子材料为基体,高性能纤维为增强材料,通过复合工艺制备而成,明显优于原组分性能的一类新型材料。目前广泛应用的先进树脂基复合材料主要包括高性能连续纤维增强环氧、双马和聚酰亚胺树脂基复合材料。先进树脂基复合材料具有高比强度和比模量、抗疲劳、耐腐蚀、可设计性强、便于大面积整体成形以及具有特殊电磁性能等特点,已经成为继铝合金、钛合金和钢之后最重要的航空结构材料之一。先进树脂基复合材料在飞机上的应用,可以实现 $15\% \sim 30\%$ 的减重效益,这是使用其他材料所不能实现的。因此,先进树脂基复合材料的用量已经成为航空结构先进性的重要标志。如图 7.1 所示为先进树脂基复合材料和铝合金、钛合金等轻质金属材料的比强度和比模量。

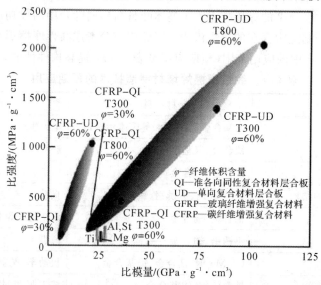

图 7.1　先进树脂基复合材料和轻质金属材料的比强度和比模量

先进树脂基复合材料在性能、设计和制造方面有别于传统材料的基本特点,主要体现在复合效应、性能可设计性、多功能兼容性和材料与构件制造的同步性等方面。

复合效应:复合材料中增强体和基体各保持其基本特性,通过界面相互作用实现叠加和互补,使复合材料产生优于各组分材料新的、独特的性能。

性能可设计性:复合材料性能可设计性主要表现为可通过改变材料组分、结构或工艺等调控复合材料性能,赋予复合材料性能设计以极大的自由度,以及可以按照工程结构的使用要求,选择适当的组分材料和调整增强纤维的取向,使设计的结构重量轻、安全可靠且经济合理。

多功能兼容性:对复合材料物件有多种功能要求时,可增减某种组分,从而在满足主要功能要求的同时又能兼顾其他功能要求。

材料与构件制造的同步性:与一般传统材料产品不同,复合材料产品不是经机械加工制造而成,而是构件成形与材料制造同时完成。

7.2　先进树脂基复合材料自动化制造技术

先进树脂基复合材料制造技术在很大程度上决定了复合材料构件的质量、成本和性能,先进树脂基复合材料成形技术主要包括热压罐成形技术、RTM 成形技术、自动铺放技术、拉挤成形技术和缠绕成形技术等。依据复合材料的不同类型、构件的不同形状以及构件质量和性能的不同要求,先进树脂基复合材料可采用不同的成形技术。

7.2.1　复合材料数字化制造技术基础

树脂基复合材料的特性之一是材料和构件成形的同步性。树脂基复合材料无论采用何种成形工艺,都存在固化过程和固化控制。固化周期影响复合材料构件的制造周期;固化的均匀性影响复合材料构件的性能和质量。如何控制制造过程中复合材料树脂基体的固化反应是实现复合材料构件高质量制造的关键。

不同复合材料具有不同的反应机理,固化反应过程复杂,但通过对固化度和反应热的关系进行分析,可以发现常用的双马树脂基和环氧树脂基复合材料的固化反应规律。因此,可以用基于自催化反应的固化动力学方程来描述常用环氧树脂基和双马树脂基复合材料的固化过程,固化度的计算方法为

$$\alpha = (H_o - H_R)/H_o \qquad (7-1)$$

式中,α ——固化度,%;

$\quad H_o$——总反应热,J/g;

$\quad H_R$——残余反应热,J/g。

通过采用实际固化工艺过程并测定不同固化阶段残余反应热求取固化度,验证了双马树脂基和环氧树脂基复合材料的固化动力学方程的正确性,实现了对常用航空复合材料体系固化过程的模拟。

复合材料固化过程受温度场的影响,一方面温度场分布影响固化反应速度和固化均匀性,另一方面,固化反应热又影响温度场。温度场分布可采用热传导方程描述,即

$$\frac{\partial(\rho_c C_c T)}{\partial t} = \frac{\partial}{\partial x}\left(K_x \frac{\partial T}{\partial x}\right) + \frac{\partial}{\partial y}\left(K_y \frac{\partial T}{\partial y}\right) + \frac{\partial}{\partial z}\left(K_z \frac{\partial T}{\partial z}\right) + \rho_r + V_r \dot{H} \qquad (7-2)$$

式中,ρ_c ——复合材料密度,kg/m³;

$\quad C_c$ ——复合材料热容,J/K;

$\quad K_x, K_y, K_z$——复合材料 x, y, z 方向的导热系数,W/(m·K);

T ——温度，K；

t ——时间，s；

ρ_r ——树脂密度，kg/m³；

V_r ——树脂体积分数，%；

$\dot{H}$ ——固化反应放热速率，J/s。

复合材料固化过程产生的热量和反应程度有关，通过固化动力学方程式可获得任何状态的固化反应热，因此热传导方程中内部热源的函数关系要由固化动力学方程确定。

复合材料固化过程中增强材料没有明显的相变，增强材料的比热变化不明显，而基体树脂要发生"液态—凝胶态—固态"的变化，复合材料树脂基体的比热将发生明显的变化。试验研究表明，复合材料固化过程中树脂基体的比热变化符合树脂基体在凝胶点前后分段线性变化的基本规律。

通过将固化反应热和树脂比热的变化引入热传导方程，建立了环氧树脂基和双马树脂基复合材料的固化过程温度分布模型；采用有限元逐次迭代的方法，实现了温度分布的数值计算。如图 7.2 和图 7.3 所示为复合材料固化度及其固化过程温度场变化的计算结果和实测结果的对比。

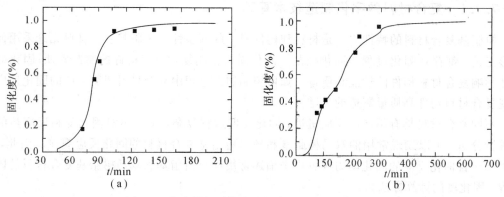

图 7.2　复合材料固化度计算结果和实测结果对比

（点图为实测结果；线图为计算结果）

（a）某环氧树脂体系；（b）某双马树脂体系

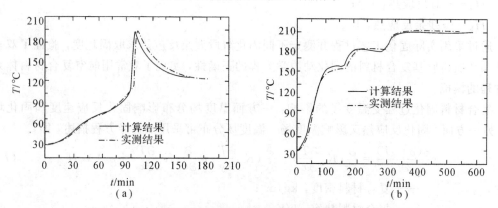

图 7.3　复合材料固化过程温度场变化计算结果和实测结果对比

（a）某环氧树脂体系；（b）某双马树脂体系

在复合材料固化过程模拟技术的基础上，依据目前不同复合材料成形的基本要求，确定了固化过程优化的规范。以固化的时间最短，固化均匀、壳全为优化目标，建立了复合材料固化工艺优化判据，发展了复合材料固化工艺优化技术。采用固化模拟和优化技术对 5428 双马树脂基复合材料参数进行优化，在复合材料性能不变的前提下，实现固化周期由 11.5 h 减少到 6 h。如图 7.4 所示是不同固化工艺下的 5428 双马树脂基复合材料弯曲性能对比。先进树脂基复合材料固化过程模拟与固化工艺优化技术的应用，可提高对复合材料制造过程固化工艺的研究水平，将树脂基复合材料固化工艺从试验研究阶段推进到试验研究和数值模拟相结合的新阶段。

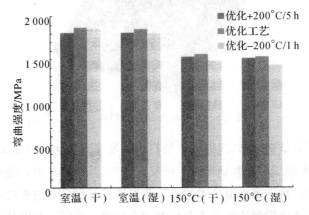

图 7.4　不同固化工艺下 5428 双马树脂基复合材料弯曲性能对比

7.2.2　树脂基复合材料热压罐成形数字化技术

热压罐成形技术是目前国内外先进树脂基复合材料最成熟的成形技术之一，复合材料机翼、尾翼等大量承力构件都采用热压罐成形技术制造，热压罐成形技术的基本工艺过程如图 7.5 所示。热压罐成形技术有许多其他成形技术无法替代的优点：①易于制备高纤维体积含量的复合材料；②固化温度场和压力场的温度和压力分布均匀，复合材料构件质量和性能稳定性优异；③成形模具简单；④适合制备大面积较复杂结构高质量的复合材料构件。但热压罐成形工艺同时存在能源消耗巨大、设备投资成本较高及制件尺寸受热压罐尺寸限制等问题。

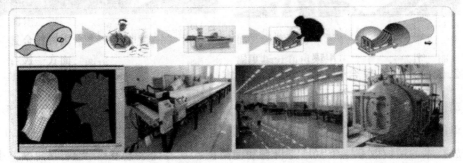

图 7.5　热压罐成形技术的工艺过程

从 20 世纪 60 年代开始，热压罐成形技术得到了很大的发展，主要体现为整体成形技术的发展和融入了大量自动化、数字化技术。

复合材料整体成形技术是采用热压罐共固化共胶结技术，直接实现带梁、肋和墙的复杂结构的一次性制造。整体成形技术的主要优点有①减少零件数目，提高减重效率，降低制造成本；②减少连接件数目，降低装配成本；③减少分段和对接，构件表面无间隙、无台阶，有利于降低雷达散射截面积(RCS)，提高隐身性能。如图7.6所示为整体成形复合材料机身壁板。

图7.6　整体成形复合材料机身壁板

热压罐成形技术从最初铺贴、裁剪主要依靠手工发展到和预浸料激光定位铺贴、自动裁剪等自动化、数字化技术相结合，明显提高了预浸料铺贴、裁剪的精度，进而提高了复合材料的制造效率和构件质量。热压罐成形技术的进一步发展将是和自动铺放技术相结合，以满足大型复合材料构件的高效优质制造的要求。如图7.7和图7.8所示分别是预浸料铺贴激光定位和预浸料自动裁剪设备。

图7.7　预浸料铺贴激光定位设备　　　图7.8　预浸料自动裁剪设备

7.2.3　树脂基复合材料自动铺放技术

自动铺放技术包括预浸料自动铺放技术(ATL)和纤维铺放技术，前者适合铺放形状相对比较简单的复合材料构件，后者则可以铺放形状复杂的复合材料整体结构。如图7.9所示为不同铺放技术的铺放效率比较。预浸料自动铺带技术具有铺放效率高、纤维取向偏差小、铺层间隙控制精度高以及材料利用率高等优点，已广泛用于复合材料机翼壁板、尾翼壁板等大型复合材料构件的制造。

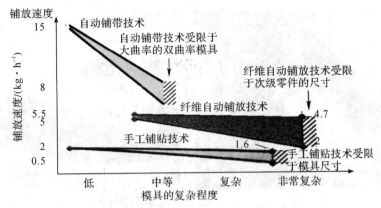

图 7.9 不同铺放技术的铺放效率比较

自动铺放技术的关键是自动铺放设备。波音公司、辛辛那提机械（Cincinnati Machine）公司与氰特（Cytec）工业公司于 20 世纪 70 年代中期联合研制自动铺带机。1983 年第一台商用铺带机进入生产领域，现已发展到第三代自动铺带机，铺带时可自动加热，逐层压实，并带有激光控制铺带定位系统。南京航空航天大学在 2006 年研制了自动铺带和纤维自动铺放原理样机，之后又发展了工程样机。中国航空工业集团公司北京航空制造工程研究所通过国际合作研制了复合材料自动铺带设备。中国航空工业集团公司北京航空材料研究院在预浸料铺带适宜性方面开展了研究工作，建立了预浸料黏性和可铺性的关系，并以战斗机和大型无人机的机翼为应用对象开展复合材料预浸料自动铺带技术研究，应用预浸料自动铺带技术制造了大型飞机和某型战斗机的复合材料构件。如图 7.10 所示为复合材料预浸料自动铺带设备。

图 7.10 复合材料预浸料自动铺带设备

纤维自动铺放技术是在预浸料自动铺带与纤维缠绕技术基础上发展起来的。纤维自动铺放技术特别适于制造形状复杂的零件，具有制造效率高、材料利用率高、零件质量好、生产成本低以及可整体成形复杂形状的复合材料构件等特点。纤维自动铺放技术于 20 世纪 90 年代末应用于机身、进气道、后压力框以及发动机短舱等复合材料构件的制造。如图 7.11 和 7.12 所示分别为采用纤维自动铺放技术制备的复合材料进气道和前机身。

图 7.11　F-35飞机复合材料进气道　　　　图 7.12　波音787飞机复合材料前机身

7.2.4　树脂基复合材料拉挤成形技术

拉挤成形技术是一种以连续纤维及其织物或毡类材料为增强材料的工艺方法，基本工艺过程是将浸渍树脂的连续增强材料，在牵引力的作用下，通过模具挤压成形、加热固化，经定长切割或一定的后加工后，得到型材制品。拉挤成形主要用于生产各种截面形状的复合材料型材，尤其是玻璃钢（玻璃纤维增强复合材料）型材，如棒材、管材、实体型材（工字形、槽形和方形型材）和空腔型材等（见图 7.13）。

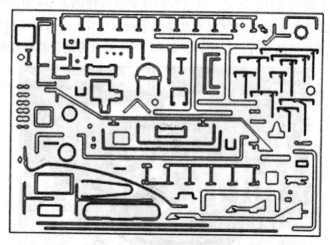

图 7.13　典型拉挤成形得到的复合材料型材截面

拉挤成形技术于 1948 年起源于美国，第一个拉挤成形工艺技术专利于 1951 年在美国注册。但直到 20 世纪 60 年代，其应用都十分有限，主要用于制作实芯的钓鱼杆和电器绝缘材料等。20 世纪 60 年代中期，化学工业对轻质高强、耐腐蚀和低成本材料的迫切需要，促进了拉挤工业的发展，特别是连续纤维毡的问世，解决了拉挤型材的横向强度问题。从 20 世纪 70 年代起，拉挤制品开始步入结构材料领域，并以每年 20% 左右的速度增长，成为复合材料工业中一种十分重要的成形技术。

拉挤成形是复合材料成形技术中的一种特殊工艺，具有以下优点：

（1）生产过程连续进行，可完全实现自动化控制，生产效率高；

(2)制品质量稳定,重复性好;

(3)产品长度不受工艺限制,可任意切断;

(4)增强材料含量可根据要求进行调整,纤维含量可高达 80%,产品强度高;

(5)产品的纵向强度和横向强度可在一定范围内调整,满足不同产品的使用要求;

(6)能够生产截面形状复杂的制品,满足特殊场合使用的要求;

(7)制品具有良好的整体性,不需要或仅需要少量后加工,原材料利用率高。

拉挤成形复合材料制品采用连续玻璃纤维、碳纤维和芳纶纤维等作为增强材料,树脂基体包括不饱和聚酯树脂、乙烯基树脂和环氧树脂等。玻璃纤维增强拉挤型材与传统钢制型材和拉挤铝合金型材相比,具有更高的拉伸强度和模量。此外,拉挤成形复合材料还具有抗疲劳和蠕变性能好、耐腐蚀、绝缘、电磁透过性好和维护成本低等优点,因此在建筑、交通、市政、医疗、航空航天和海上石油开采等各个行业都得到了广泛的应用。

在传统拉挤成形技术基础上发展的高性能预浸料拉挤成形技术,使拉挤工艺的应用从仅限于普通工业领域拓展到航空航天高新技术领域,如图 7.14 所示为高性能预浸料拉挤成形复合材料在航空结构上的应用。与传统拉挤成形工艺不同,高性能预浸料拉挤成形技术使用高性能预浸料体系,综合了复合材料预浸料层合结构的高性能和拉挤的自动化制造的优点。预浸料拉挤工艺的发展始于 1980 年,当时日本 JAMCO 公司针对波音公司的产品需求开始发展航空航天级预浸料的拉挤成形技术,直到 1995 年 JAMCO 公司才生产出了满足空中客车(简称"空客")公司性能要求的 T 形拉挤复合材料型材。之后 JAMCO 公司开始利用预浸料拉挤成形技术为空客公司 A300/310/320/330/340/380 系列飞机的复合材料垂直安定面提供长桁和加强筋。空客 A380 飞机机身主结构的上层机舱 I 形地板梁,长度达到 5.92 m,同样采用预浸料拉挤成形技术制造。表 7.1 为高性能预浸料拉挤成形技术与传统生产技术的比较,高性能预浸料拉挤成形技术具有高制造效率、高性能和低成本的特点。

图 7.14　高性能预浸料拉挤成形复合材料在航空结构上的应用

表 7.1　高性能预浸料拉挤成形技术与传统生产技术的比较

	传统生产技术	高性能预浸料拉挤成形技术
手工生产	· 劳动强度高 · 生产成本高 · 生产效率低 · 质量不稳定	· 自动化程度高,劳动强度低 · 生产成本低 · 生产效率高 · 质量稳定

续表

	传统生产技术	高性能预浸料拉挤成形技术
传统拉挤成形技术	• 性能达不到主承力结构的要求 • 纤维/树脂比例低 • 纤维方向控制、树脂固化和二次胶结困难	• 性能好,纤维比例、方向可控 • 孔隙含量低 • 质量稳定性好 • 可进行二次胶结

7.2.5　树脂基复合材料 RTM 成形技术

RTM 成形技术是指在压力注入或/和外加真空辅助条件下,将具有反应活性的低黏度树脂注入闭合模具中并排除气体,同时浸润干态纤维结构,在完成浸润后,树脂通过加热引发交联反应完成固化,得到复合材料构件。目前已经有多种形式的 RTM,如真空辅助 RTM(VARTM)、压缩 RTM(CRTM)、树脂渗透模塑(SCRIMP)和真空渗透法(VIP)、结构反应注射模塑(SRIM)和真空辅助树脂注射(VARI)成形技术等十多种方法。RTM 技术适宜多品种、中批量和高质量复合材料构件的制造,具有公差小、表面质量高、生产周期短、生产过程自动化适应性强和生产效率高等优点。如图 7.15 所示为 RTM 成形的工艺过程。

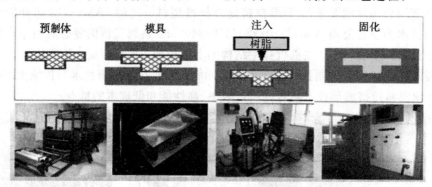

图 7.15　RTM 成形的工艺过程

RTM 成形技术的关键之一是适于 RTM 成形技术的低黏度、长使用期和优异力学性能的树脂体系。5250-4 RTM 双马树脂和 PR500 RTM 环氧树脂是最典型的 RTM 双马和环氧树脂体系。5250-4 RTM 双马树脂在注射温度下黏度很低,用其制造的 F-22 飞机的正弦波梁,减少了 20% 的制造费用以及 50% 的紧固件和加强件。5250-4 RTM 双马树脂已用于制造 200 多个 F-22 飞机零件,并用于制造 F-117 飞机发动机进气道格栅和空空导弹的雷达罩。PR500 RTM 环氧树脂为单组分膏状树脂,固化温度为 120℃,冲击后压缩强度(CAI)达到 234 MPa,疲劳性能好,F/A-22 飞机上使用了 100 多个 IM7/PR500 RTM 零件,分别用作驾驶舱支架、地板加强肋和接头等。如图 7.16 所示为 RTM 成形的复合材料螺旋桨、波形梁和升降舵整体壁板。国内已经发展了环氧 3266,5284 和双马 6421,QY8911-Ⅳ 等 RTM 树脂体系,其中环氧 3266 已经用于制造飞机螺旋桨桨叶,其他树脂体系正在歼击机和大型飞机上进行验证考核。几种典型 RTM 树脂基复合材料的主要性能见表 7.2。

图 7.16 RTM 成形的复合材料螺旋桨、波形梁和升降舵整体壁板

表 7.2 典型 RTM 树脂基复合材料的主要性能

性　能	IM7－6K－4HS 织物 / 5250－4 RTM	IM7－6K－4HS 织物 / PR500 RTM	T300/ 6421	G827/ 3266	1300/ QY8911－Ⅳ
纵向拉伸强度/MPa	681	1 007	1 670	1 639	1 425
纵向拉伸模量/GPa	76	83	143	—	137
纵向压缩强度/MPa	847	758	—	1 050	1 188
纵向弯曲强度/MPa	1 103	1 103	1 730	1 580	1 830
纵向弯曲模量/GPa	72.4	73	138	—	124
层间剪切强度/MPa	82.8	81	92	85	98
冲击后压缩强度/MPa	220	317	—	—	175
长期使用温度/℃	177	121	150	70	150
典型应用	机翼梁、肋、雷达罩	隔框、垂尾梁/肋	后边条	螺旋桨桨叶	导弹隔框
研制单位	Cytec	明尼苏达矿务及制造业 (3M)公司	北京航空材料研究院	北京航空材料研究院	北京航空制造工程研究所

　　增强预制体制造技术是 RTM 成形的又一关键技术，国内已经发展了黏结预成形技术和纺织预成形技术。黏结预成形技术采用刷/喷涂法和粉末法制造预制体；纺织预成形技术包括二维、二维半、三维编织、三维机织多轴经编（NCF 织物）和缝合制造技术。不同预制体制造技术在不同构件中得到考核应用。如图 7.17 所示是编织预制体的制造设备。

　　RTM 成形的另一关键技术是树脂流动过程模拟技术。通过树脂流动过程的数值模拟，可以了解树脂在模具内的流动状态，进而指导和优化模具设计，缩短研制周期，提高成形质量。我国在 RTM 树脂流动模拟技术方面取得了很大的进步，建立了具有 RTM 技术的三维构件模拟和多种有限元网格剖分形式的注射口、溢料口的位置、大小和方式等自主设定，可以输出树脂流场和压力场，可以进行变渗透率模拟和变黏度场模拟的"先进树脂基复合材料模拟优化技术系统"。如图 7.18 所示为带工字平板结构的二维 RTM 树脂流动模拟及其验证结果。

图 7.17　编织预制体的制造设备

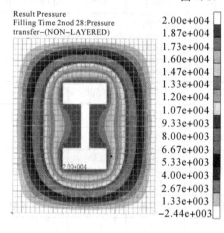

图 7.18　带工字平板结构的二维 RTM 树脂流动模拟及其验证结果

7.2.6　树脂基复合材料纤维缠绕成形技术

纤维缠绕技术是最早开发并广泛使用、最成熟的树脂基复合材料构件自动化制造技术。和其他复合材料成形技术相比，纤维缠绕技术的主要优点是节省原材料、制造成本低及制件具有高度重复性，主要缺点是制件固化后需除去芯模，而且不适宜于带凹曲表面制件的制造，这使其适用范围受到了限制。

纤维缠绕成形是在专门的缠绕机上，将浸渍树脂的纤维均匀、有规律地缠绕在一个转动的芯模上，然后固化，最后除去芯模获得制件。纤维缠绕成形技术既适用于制备简单的旋转体，如筒、罐、管、球和锥等，也可以用来制备飞机机身、机翼及汽车车身等非旋转体部件。

根据纤维在芯模上的排列情况，纤维缠绕可归纳为环向缠绕、纵向缠绕（又称平面缠绕）和螺旋缠绕三种。螺旋缠绕技术适用于长形管状结构的缠绕，平面缠绕技术主要用于球形、扁椭圆形以及长径比小于四的筒形容器的缠绕。在纤维螺旋缠绕中，纤维束从一个水平移动的绕丝嘴缠绕到一个转动的芯模上，缠绕角由两个相对运动的比率来决定。当水平移动的绕丝嘴到达芯模端部时，它会慢下来、停止，然后向相反方向移动，以一个负缠绕角继续将纤维缠绕在芯模上。在这样的往复运动中，芯模上形成菱形花样。在纤维环向缠绕中，芯模绕自身的轴线做匀速转动，导丝头在平行于芯模轴线方向的筒身区间进行运动，芯模每转一周，导丝头移动一个纱片宽度，如此循环下去，直至纱片布满芯模圆筒段表面为止。在纤维纵向缠绕中，缠绕机的绕丝嘴在固定的平面内做匀速圆周运动，芯模绕自身轴线慢速旋转，绕丝嘴每转一周，芯模旋转一个微小角度，相当于芯模表面上一个纱片的宽度。

7.2.7　先进树脂基复合材料自动化制造技术

由于纤维缠绕成形制品具有强度高、质量轻、隔热和耐腐蚀等特点和良好的工艺性，制造技术易于实现机械化和自动化，制品的综合性能比其他方法成形的复合材料制品优越，而且可制造多种产品等优点，因此纤维缠绕技术近年来得到迅速发展和大量的应用。储存、运输化工腐蚀液体，如碱类、盐类和酸类等时，使用钢罐很容易腐蚀渗漏，使用期限很短，而改用不锈钢罐成本又很高。采用纤维缠绕技术制造的复合材料地下石油储罐，可防止石油泄漏，保护水源。采用纤维缠绕技术制造的双层壁复合材料储罐和管道，已在加油站获得广泛使用。采用纤维缠绕技术制造的复合材料管道大量用于油田、炼油厂和一般化工厂输送石油、水、天然气和其他化工流体等，部分代替不锈钢，具有轻质、高强、防腐、耐久和维修方便等特点。化工行业对管道的耐腐蚀性能要求较高，使用其他材料的管道在使用过程中往往会因腐蚀等原因而产生质量事故，而缠绕成形的复合材料管道具有良好的耐腐蚀性能，可适用于不同的耐腐蚀环境，所以在化工行业的应用非常广泛。纤维缠绕技术可用于制造承受压力（内压、外压或两者兼具）的压力容器和压力管道制品。缠绕成形压力容器多用于军工方面，如固体火箭发动机壳体、液体火箭发动机壳体、压力容器和深水外压壳等，缠绕成形压力管道可充装液体和气体，在一定压力作用下不渗漏、不破坏，如海水淡化反渗管和火箭发射管等。纤维缠绕技术也可用于制造直升机构件。直升机机身中段的结构形状为近似四边形或多边形，是直升机的主承力构件，适宜采用纤维缠绕技术制造。采用纤维缠绕技术制造直升机机身中段是目前航空领域应用纤维缠绕技术的一个发展方向。

纤维缠绕技术经过几十年的发展，已经成为大量应用的复合材料自动化制造技术。性能更高的纤维和树脂基体的研究与应用，工艺参数的优化，工艺过程中关键步骤的改进，新技术的研究，生产设备自动化、智能化程度的提高，生产线的规模化、专业化和可控制化的改善，促进了纤维缠绕技术的发展。高性能热塑性复合材料缠绕技术使加热和固化一次完成，提高了生产效率，降低了单位成本（生产单位产品而平均耗费的成本）。纤维缠绕技术与拉挤成形、预浸带铺放、预浸带缠绕、纤维编织和压缩模塑等工艺相结合，提高了缠绕技术的适应性。随着纤维缠绕成形复合材料的快速发展和广泛应用，要求纤维缠绕设备具有更高的精度、更高的生产率和更大的柔性。与此相适应，纤维缠绕设备逐渐向自动化、大型化和智能化方向发展。计算机辅助设计（CAD）、计算机辅助制造（CAM）和仿真技术在纤维缠绕技术和纤维缠绕设备中的应用日益增多，目标是缩短产品设计周期，减少废品率，提高制品的质量和制造的自动化水平及生产柔性。

7.3　先进树脂基复合材料在航空领域的应用

先进树脂基复合材料在应用过程中不断积累应用经验，通过提高技术水平和完善配套技术，其使用范围已从非承力构件（如整流蒙皮），逐渐发展到承力构件（如尾翼、机翼）；从简单结构层合壁板，逐渐发展到整体复合材料结构尾翼和机翼。如图7.19所示是空客公司大型客机对树脂基复合材料的应用历程。

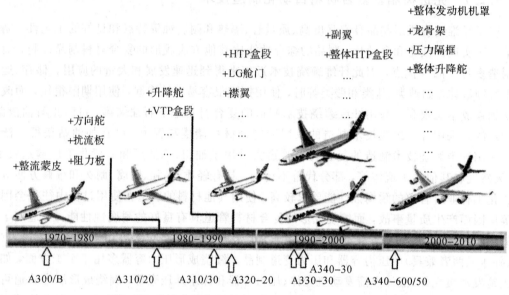

图7.19　空客公司大型客机对树脂基复合材料的应用历程

注：HTP—水平尾翼；VTP—垂直尾翼；LG—起落架

先进树脂基复合材料在飞机上的应用可以实现15%～30%的减重，可有效降低飞机的结构重量，提高飞机的机动性能和有效载荷等。飞机结构复合材料化已经成为趋势，先进树脂基复合材料已经成为不可缺少的航空结构关键材料。从20世纪90年代开始，先进战斗机大量使用先进树脂基复合材料，如F-22飞机的复合材料用量达到约25%，F-35飞机的复合材料用量达到35%，主要应用范围包括机翼、机身和尾翼等主要承力构件。如图7.20所示为国外先进战斗机的复合材料用量。

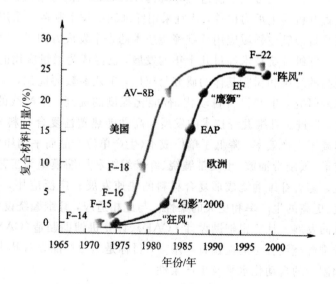

图7.20　国外先进战斗机的复合材料用量

先进树脂基复合材料在民用飞机上的应用从 2003 年起得到了跨越发展，空客公司的 A380 宽体客机的复合材料用量增加到 24％，波音公司的波音 787 飞机的复合材料用量达到了约 50％，空客公司正在研发的 A350XWB 宽体飞机的复合材料用量将达到 52％。如图 7.21 所示为先进树脂基复合材料在国外民用客机上的用量。

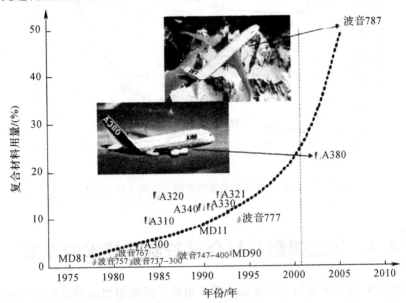

图 7.21　先进树脂基复合材料在国外民用客机上的用量

随着国内先进树脂基复合材料性能的不断提高、制造技术的不断成熟以及无损检测和装配等配套技术的不断完善，国内先进树脂基复合材料在直升机、战斗机和大型飞机上得到了越来越多的应用。战斗机上的复合材料用量已经达到 25％以上，应用范围主要包括机翼、平尾、垂尾、前机身、鸭翼、襟副翼和腹鳍等；直升机上的复合材料用量达到 25％ ～ 33％，应用范围主要包括旋翼系统和机身结构。先进树脂基复合材料的机翼、平尾、垂尾、鸭翼、直升机机身和尾段等构件已经实现批量生产。如图 7.22 所示为目前国内先进树脂基复合材料在不同飞机上的用量。此外，当今世界由于能源短缺，节能和新型能源开发成为焦点，因此交通运输、风力发电和海上石油开采等领域对先进树脂基复合材料的需求极为迫切，先进树脂基复合材料的应用领域将进一步拓展。

从 20 世纪 60 年代开始得到应用以来，先进树脂基复合材料技术已经逐步走向成熟，其大量应用不但减轻了结构重量，而且通过气动剪裁设计可解决飞行器颤振等问题，有效地提升了航空装备的性能，已经成为航空航天领域不可或缺的关键材料之一。同样，先进树脂基复合材料具有持续发展的潜力。美国科学院在 2003 年《面向 21 世纪国防需求的材料》研究报告中指出，公元 2020 年前，唯有复合材料具有提升 20％ ～ 25％性能的潜力。碳纳米管等新型增强材料的出现，结构功能一体化复合材料的发展，可使新型树脂基复合材料性能得到质的飞跃，实现持续发展。

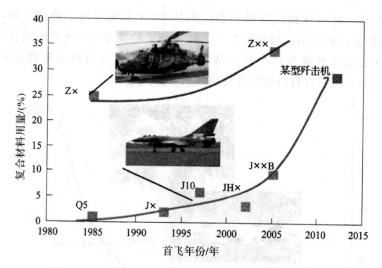

图 7.22　国内先进树脂基复合材料在不同飞机上的用量

7.4　先进树脂基复合材料制造技术的发展

随着国内航空装备对先进树脂基复合材料应用的不断增加和应用要求的不断提高，先进树脂基复合材料制造技术将继续向整体化、自动化、数字化和智能化发展，同时复合材料结构向整体模块化快速发展。

(1)树脂基复合材料结构向整体模块化发展。树脂基复合材料结构整体化技术将进一步发展、完善和提高。通过整体模块化结构的应用，将极大地减少复合材料构件内和构件间的连接，提高复合材料构件的结构效率，提升复合材料应用的减重效率。

(2)树脂基复合材料制造技术向自动化发展。复合材料纤维自动铺放技术和预浸料拉挤成形技术将进一步在大型复合材料构件研制中得到应用，以明显提高制造效率和复合材料构件的质量稳定性。如要彻底改变复合材料制造的劳动密集型特征，则需要进一步发展柔性、高效的复合材料自动化技术。

(3)树脂基复合材料制造过程向数字化发展。树脂基复合材料构件制造过程将以更快的速度向建立数字化技术体系发展，包括复合材料数字化数据体系、数字化设计技术体系、数字化制造技术、数字化检测和后加工技术。数字化技术体系的形成，不但要以技术发展为基础，同时也需要有适宜发展的环境。

(4)树脂基复合材料制造过程控制向智能化发展。树脂基复合材料构件的制造涉及材料的固化反应和树脂流动浸润过程，固化反应和树脂流动浸润过程的控制决定了复合材料构件的内部质量。在固化机理、固化模拟优化技术发展的基础上，进一步发展对固化反应和树脂流动浸润过程的实时智能化控制技术，无疑将会使复合材料制造过程控制实现新的跨越。

参 考 文 献

[1] 范玉青. 现代飞机制造技术[M]. 北京:北京航空航天大学出版社,2001.

[2] 翟平. 飞机钣金成形原理与工艺[M]. 西安:西北工业大学出版社. 1995.

[3] 马正元,韩啓. 冲压工艺与模具设计[M]. 北京:机械工业出版社,2003.

[4] 张岩. 胶结技术发展概述[J]. 科技信息,2008(17):46－47.

[5] 邢娅,曹运红. 现代胶结技术[J]. 工艺材料,2002(5):58－61.

[6] 曹增强. 铆接技术发展状况[J]. 航空工程与维修,2000(6):41－42.

[7] 李亚江,王娟,夏春智. 特种焊接技术与应用[M]. 2版. 北京:化工工业出版社,2008.

[8] 李亚江,吴娜,PUCHKOV P U. 先进焊接技术在航空航天领域中的应用[J]. 航空制造技术,2010(9):43－47.

[9] 张华,林三宝,吴林,等. 搅拌摩擦焊研究进展及前景展望[J]. 焊接学报,2003,24(3):91－96.

[10] 张田仓,韦依,周梦慰,等. 线性摩擦焊在整体叶盘制造中的应用[J]. 航空制造技术,2004(11):56－58.

[11] 北京航空制造工程研究所. 航空制造技术[M]. 北京:航空工业出版社,2013.

[12] 邢丽英. 先进树脂基复合材料自动化制造技术[M]. 北京:航空工业出版社,2014.